城镇供水行业职业技能培训教材

供水调度工

浙江省城市水业协会
浙江省产品与工程标准化协会 组织编写

中国建筑工业出版社

图书在版编目（CIP）数据

供水调度工/浙江省城市水业协会，浙江省产品与工程标准化协会组织编写. —北京：中国建筑工业出版社，2020.2
城镇供水行业职业技能培训教材
ISBN 978-7-112-24602-1

Ⅰ. ①供…　Ⅱ. ①浙…②浙…　Ⅲ. ①城市供水-调度-技术培训-教材　Ⅳ. ①TU991.6

中国版本图书馆 CIP 数据核字（2020）第 011862 号

　　本书是根据《城镇供水行业职业技能标准》CJJ/T 225—2016，结合供水行业的特点，坚持理论联系实际的原则，由专业人员集体编写而成。

　　全书共分十章，从供水调度工作的实际需求出发，系统地介绍了安全生产知识、水力学基础知识、电气专业基础理论、给水工程、水泵与水泵站、计算机基础、供水调度专业知识、供水调度系统、质量管理与班组管理等方面的知识。本书对调度工作的基本理论、调度规程、优化调度方法以及随着信息化普及相关供水调度系统做了深入详尽的描述，对调度工作具有实际指导意义。

　　本书可作为浙江省供水行业职工的岗前培训、职业技能素质提高培训，同时也可作为职业技能鉴定的参考资料。

责任编辑：赵云波
责任校对：党　蕾

城镇供水行业职业技能培训教材
供水调度工

浙 江 省 城 市 水 业 协 会
浙江省产品与工程标准化协会
组织编写

*

中国建筑工业出版社出版、发行（北京海淀三里河路 9 号）
各地新华书店、建筑书店经销
霸州市顺浩图文科技发展有限公司制版
北京同文印刷有限责任公司印刷

*

开本：787×1092 毫米　1/16　印张：13　字数：321 千字
2020 年 6 月第一版　　2020 年 6 月第一次印刷
定价：**52.00 元**
ISBN 978-7-112-24602-1
（35249）

《城镇供水行业职业技能培训教材》编写委员会

主　　任：赵志仁

副 主 任：柳成荫　徐丽东　程　卫　刘兴旺

委　　员：方　强　卢汉清　朱鹏利　郑昌育　查人光

　　　　　代　荣　陈爱朝　陈　柳　邓铭庭

参编单位：杭州市水务集团有限公司

　　　　　宁波市供排水集团有限公司

　　　　　温州市自来水有限公司

　　　　　嘉兴市水务投资集团有限公司

　　　　　湖州市水务集团有限公司

　　　　　绍兴市公用事业集团有限公司

　　　　　绍兴柯桥水务集团有限公司

　　　　　金华市水务集团有限公司

　　　　　浙江衢州水业集团有限公司

　　　　　舟山市自来水有限公司

　　　　　台州自来水有限公司

　　　　　丽水市供排水有限公司

　　　　　浙江省长三角标准技术研究院

本书编委会

主　　编：朱鹏利　童秀华

参　　编：刘友飞　徐　军　吴丽峰　戴维生　严建林

　　　　　褚　蔚　王东兴　陈志坚　冯　汀　张国萍

　　　　　冯　波　沈　雁　柯丞东　孙钰蓉

序

    为贯彻落实《中共中央　国务院关于印发〈新时期产业工人队伍建设改革方案〉的通知》和中央城市工作会议精神，健全住房城乡建设行业职业技能培训体系，全面提高住房城乡建设行业一线从业人员的素质和技能水平，根据《住房城乡建设部办公厅关于印发住房城乡建设行业职业工种目录的通知》（建办人〔2017〕76号）和《城镇供水行业职业技能标准》CJJ/T 225—2016要求，结合供水行业的特点，浙江省城市水业协会和浙江省产品与工程标准化协会组织编写了《城镇供水行业职业技能培训教材》。

    本套教材共9册，分别为《水质检验工》《供水管道工》《供水泵站运行工》《供水营销员》《供水稽查员》《供水客户服务员》《供水调度工》《自来水生产工》《机电设备维修工》。

    本套教材结合供水行业的特点，理论联系实际，系统阐述了城镇供水行业从业人员应掌握的安全生产知识、理论知识和操作技能等内容。内容简明扼要，定义明确，逻辑清晰，图文并举，文字通俗易懂。对提升城镇供水行业从业人员职业技能素质具有重要意义。

    本套教材编写过程中参考了有关作者的著作，在此表示深深的谢意。

    本套教材内容的缺点和不足之处在所难免，希望读者批评、指正。

浙江省城市水业协会

浙江省产品与工程标准化协会

前　　言

为贯彻落实《中共中央　国务院关于印发〈新时期产业工人队伍建设改革方案〉的通知》和中央城市工作会议精神，健全住房城乡建设行业职业技能培训体系，全面提高住房城乡建设行业一线从业人员素质和技能水平，住房城乡建设部结合各地培训需求，制定了《住房城乡建设行业职业工种目录》。现根据《职业工种目录》，依据《城镇供水行业职业技能标准》CJJ/T 225—2016，结合供水行业的特点，由绍兴市公用事业集团有限公司、绍兴市水务产业有限公司等组织编写了《城镇供水行业职业技能培训教材》中的《供水调度工》。

供水调度，作为供水企业生产运行的总指挥，要求调度工在日常工作中掌握的知识面较广，需要熟悉供水运行多岗位的技能操作。编写组在编写本教材时着重考虑了以下几个方面，力求给予供水调度工更多生产运行方面实用的指导。

本书比较全面地介绍了供水调度工需要熟知和掌握的基础知识，如水力学、给水工程、水泵与水泵站、电气自动化及计算机基础等。同时结合供水行业社会责任型企业建设以及信息化的普及推广应用，着重对厂网供水调度方案的制定、应急供水调度保障、供水调度信息化、常用设备操作规程等应用知识等进行了介绍，同时对安全生产、质量管理和班组管理等作了阐述。内容简明扼要，逻辑清晰，图文并茂，文字通俗易懂。

本书由朱鹏利、童秀华主编，其中安全生产知识由童秀华、王东兴编写，水力学基础知识由童秀华编写；电气专业基础理论由严建林编写；给水工程由徐军、褚蔚、冯汀、柯丞东、沈雁编写；水泵与水泵站由戴维生编写；计算机基础由吴丽峰、冯波编写；供水调度系统由刘友飞、陈志坚、王东兴编写；供水调度系统由吴丽峰、孙钰蓉、张国萍、冯波编写；质量管理由徐军、童秀华编写；班组管理由童秀华、徐军编写；主要设备操作规程由徐军、冯汀编写。

本书在编写过程中，得到了浙江省水业协会、同行以及绍兴市公用事业集团有限公司供水调度技术骨干人员的大力支持。在此，编写组对编委会成员及所有给予本书支持的人员表示诚挚地感谢。

由于编写组水平所限，书中还存在许多不足，恳请同行业专家以及读者批评指正，使它在使用中不断提高和日臻完善。

目　　录

第一章

安全生产知识

第一节 概　　述

"安全第一，预防为主"是我国安全生产工作的基本方针。这在《中华人民共和国安全生产法》中有明确规定。所谓"安全生产"，是指在生产经营活动中，为了避免造成人员伤害和财产损失的事故而采取相应的事故预防和控制措施，使生产过程在符合规定的条件下进行，以保证从业人员的人身安全与健康，设备和设施免受损坏，环境免遭破坏，保证生产经营活动得以顺利进行的相关活动。

安全生产是安全与生产的统一，其宗旨是安全促进生产，生产必须安全。搞好安全工作，改善劳动条件，可以调动职工的生产积极性；减少职工伤亡，可以减少劳动力的损失；减少财产损失，可以增加企业效益，无疑会促进生产的发展；而生产必须安全，则是因为安全是生产的前提条件，没有安全就无法生产。

在供水企业中，要做好日常安全生产管理工作，主要包括安全生产法制管理、行政管理、监督检查、工艺技术管理、设备设施管理、作业环境和条件管理等。

第二节　安全生产法律、法规

为了维护生产秩序和社会秩序，国家通过立法，把有关人员应遵守的工作规范和技术规范，规定为必须遵守的法律义务。违反此项义务就要承担一定的法律责任，依法受到制裁，运用法律、法规手段强化安全生产管理。

1. 安全生产法律法规的作用和制定原则

（1）安全生产法规的作用

1）保护劳动者的安全和健康

国家有关部门组织专业技术人员对安全生产、劳动保护客观规律进行高度概括和总结，制定相应的安全生产法规，规定了保护劳动者安全和健康的工作制度和工作方法，并以国家强制力保证实施，可以有效地防止伤亡事故和职业病的发生，从而保护劳动者的安

全和健康。

2）提高劳动生产率

安全生产法规规定了生产设备及劳动条件的安全要求，并要求企业不断改善劳动条件，消除不安全、不卫生因素。同时鼓励安全生产的技术改进和发明创造，实现生产过程的自动化、机械化。促进了生产设备和劳动条件的改善，为职工创造了舒适、安全的生产环境，有利于劳动生产率的提高。

3）促进劳动关系的巩固和发展

安全生产法规规定了用人单位和职工的行为准则和规范，要求企业重视和关心职工的安全和健康，提供符合国家规定的劳动条件，要求职工提高安全生产的意识和操作能力，严格遵守劳动纪律和安全生产的规章制度。有利于形成良好的安全生产环境和秩序，避免和减少劳动纠纷，巩固劳动关系，促进生产的顺利进行。

（2）安全生产法规制定的基本原则

1）"安全第一、预防为主"，保障职工的安全与健康的原则。

2）必要性与可能性相结合的原则。

3）中央和地方两级立法的原则。

2. 安全生产政策与法规

1994 年 7 月 5 日，第八届全国人民代表大会常务委员会第八次会议通过并颁布了《中华人民共和国劳动法》，以法律条文的形式对劳动安全卫生要求、工作作出了具体的规定。2002 年 6 月 29 日，全国人大常委会通过的《中华人民共和国安全生产法》对安全生产工作加以明确。就国家来说，到目前为止，已颁布的安全生产法律、法规主要内容如下：

（1）法律

由全国人民代表大会或其常务委员会制定和颁布。

1）《中华人民共和国宪法》

《中华人民共和国宪法》（1982 年颁布，2018 年 3 月 11 日第十三届全国人民代表大会第一次会议通过《中华人民共和国宪法修正案》），是我国的基本大法。其中第四十二条、第四十三条、第四十八条对劳动保护的政策作出了规定。主要内容有："国家通过各种途径，创造劳动就业条件，加强劳动保护，改善劳动条件，并在发展生产的基础上，提高劳动报酬和福利待遇""中华人民共和国劳动者有休息的权利，国家发展劳动者休息和休养的设施，规定职工的工作时间和休假制度""国家保护妇女的权利和利益"。

2）《中华人民共和国刑法》

《中华人民共和国刑法》（1979 年颁布，1997 年 3 月 14 日第八届全国人民代表大会第五次会议修订）规定了对违反有关安全管理规章制度，违反危险品管理规定，不服从管理或因玩忽职守，导致发生重大事故，致使人员伤亡或财产损失的，将受到刑事处罚，最高刑罚可达七年徒刑。

3）《中华人民共和国劳动法》

《中华人民共和国劳动法》（1995 年 1 月 1 日实施，2018 年 12 月 29 日第十三届全国人民代表大会常务委员会第七次会议进行了第二次修正），是我国劳动工作的基本法。其中属于劳动安全卫生规定方面的主要有第四章、第六章、第七章，分别对工作时间和休息休假、劳动安全卫生、女职工和未成年工特殊保护方面作出了具体规定。同时在第一章总则、第三章及第十二章法律责任的第九十、九十二至九十五条，对劳动者在劳动安全卫生方面享有的权利、义务，以及用人单位违反劳动安全卫生有关法规、规定，将受到经济处罚、停产整顿直至追究刑事责任的处理作出了规定。

4）《中华人民共和国安全生产法》

《中华人民共和国安全生产法》（2002年11月1日施行，2014年8月31日第十二届全国人民代表大会常务委员会第十次会议进行了第二次修正），它是我国第一部有关安全生产的综合性法律。这部法律以基本法的形式，对安全生产的方针、生产经营单位的安全生产保障、从业人员的权利义务、生产安全事故的应急救援和调查处理以及违法行为的法律责任都作出了明确的规定，是加强安全生产管理，搞好安全生产工作的重要法律依据。

5）《中华人民共和国职业病防治法》

《中华人民共和国职业病防治法》（2001年颁布，2018年12月29日第十三届全国人民代表大会常务委员会第七次会议进行第四次修正），是为了促进经济发展，根据宪法制定，旨在预防、控制和消除职业病危害，防治职业病，保护劳动者健康及其相关权益。

（2）行政法规

行政法规由国务院颁布，是管理国家事务的行为规范性条文。主要内容是确立各部门、企业在安全生产工作中的职能与职责，提出安全卫生基本要求，制定安全生产管理办法和规定、制度等。一般以条例、规定、办法、政令和通知等形式颁布。如主要的有《关于加强企业安全工作的几项规定》《企业职工伤亡事故报告和处理规定》《女职工劳动保护规定》等，这些行政法规是各部门、企业单位的安全行为准则，必须认真贯彻实施，并依此开展安全生产。

（3）技术法规

技术法规由国家质量检验技术监督局或行业部（国家各部委）颁布。技术标准分为"国家标准"和"行业标准"，国家标准是指在全国范围内统一的标准，由国家质量检验技术监督局制定；行业标准是指全国某个行业范围内统一的标准，由行业主管部门制定。职业标准的主要内容是对生产场所、生产过程、工艺、设备及其防护设施在安全卫生方面的具体要求和技术指标。技术标准为各部门、各企业单位开展安全生产工作提供了科学的技术依据，同时也为监察部门进行审查、监督和衡量企业单位是否达到国家安全卫生基本要求的技术依据。企业中常接触的职业安全卫生标准主要有《生产设备安全卫生设计总则》《企业职工伤亡事故调查分析规则》《起重机械安全规程》《安全电压》等。

（4）地方性法规

由省及省人民政府所在地的市人民代表大会及其常委会在不与宪法、法律和行政法规相抵触的前提下制定的适用于本辖区并具有法律效应的法规。

（5）规章

由国务院所属各部委和各省人民政府制定发布的规范性文件。

3. 安全生产法律、法规主要内容

（1）《中华人民共和国安全生产法》

《中华人民共和国安全生产法》（简称《安全生产法》）是我国有关安全生产管理的综合性法律。这部法律对安全生产的工作方针、生产经营单位的安全生产保障、从业人员的权利与义务、政府对安全生产的监督管理、生产安全事故应急救援与调查处理以及违法行为的法律责任等都作出了明确规定，是加强安全生产管理的重要法律依据。《安全生产法》共七章一百一十四条，下面分章进行介绍。

1）第一章"总则"共十六条，是对这部法律若干重要原则问题的规定，对作为分则的其他各章的规定具有概括和指导的作用。分别对本法的立法目的、适用范围、安全生产管理的基本方针、生产经营单位确保安全生产的基本义务、生产经营单位主要负责人对本单位安全生产的责任、生产经营单位的从业人员在安全生产方面的权利和义务、工会在安全生产方面的基本职责、各级人民政府在安全生产方面的基本职责、安全生产监督管理体制、有关劳动安全卫生标准的制定和执行，为安全生产提供技术、管理服务的机构、生产安全事故责任追究制度、国家鼓励和支持提高安全生产科学技术研究和先进技术推广应用、对在安全生产方面作出显著成绩的单位和个人给予奖励等方面作了规定。

2）第二章"生产经营单位的安全生产保障"共三十二条。本章是《安全生产法》的核心内容，主要规定了对生产经营单位安全生产的基本要求；生产经营单位主要负责人的安全生产责任；对生产经营单位安全生产投入的要求；生产经营单位安全生产机构的设置及安全生产管理人员的配备；对生产经营单位主要负责人及安全生产管理人员任职的资格要求；生产经营单位对从业人员进行安全生产教育和培训的义务；对生产经营单位特种作业人员的特殊资质要求；生产经营单位建设工程项目的安全设施与主体工程的"三同时"要求以及对危险性较大的行业的建设项目进行安全评价要求；对建设项目的安全设施的设计、施工和竣工验收的要求；对生产经营单位设施、设备、生产经营场所、工艺的安全要求；对危险物品生产、经营、运输、储存、使用以及危险性作业的特殊要求；生产经营单位对从业人员负有的义务；对两个以上生产经营单位共同作业的安全生产管理特别规定；对生产经营单位发包、出租的特别规定以及生产经营单位发生生产安全事故时对主要负责人的要求等。

3）第三章"从业人员的安全生产权利和义务"共十条，主要规定了生产经营单位从业人员在安全生产方面的权利和义务。包括了解其作业场所和工作岗位存在的危险因素、防范措施及事故应急措施的权利；对本单位的安全生产工作提出建议的权利；对本单位安全生产工作中存在的问题提出批评、检举和控告的权利；拒绝违章指挥和强令冒险作业的权利；发现直接危及人身安全的紧急情况时，停止作业或者采取可能的应急措施后撤离作业场所的权利；因生产事故受到损害时要求赔偿的权利；享受工伤社会保险的权利；在作业过程中，严格遵守本单位的安全生产规章制度和操作规程、服从管理、正确佩戴和使用劳动防护用品的义务；接受安全生产教育和培训的义务；及时报告事故隐患或者其他不安全因素的义务。

4）第四章"安全生产的监督管理"共十七条，从不同方面规定了安全生产的监督管理。从根本上说，生产经营单位是生产经营活动的主体，在安全生产工作中居于关键地位，生产经营单位的安全生产管理是做好安全生产工作的内因。但是，强化外部的监督管理同样不可缺少。由于安全生产关系到各类生产经营单位和社会的方方面面，涉及面极广，做好安全生产的监督管理工作，仅靠政府及其有关部门是不够的，必须走专门机关和群众相结合的道路，充分调动和发挥社会各界的积极性，齐抓共管，群防群治，才能建立起经常性的、有效的监督机制，从根本上保障生产经营单位的安全生产。因此，本章的

"监督"是广义的监督,既包括政府及其有关部门的监督,也包括社会力量的监督。

具体有七个方面:县级以上地方各级人民政府的监督管理;负有安全生产监督管理职责部门的监督;监察机关的监督;承担安全评价、认证、检测、检验的机构的监督;社会公众的监督;基层群众的监督;新闻媒体的监督等。

5)第五章"生产安全事故的应急救援与调查处理"共十一条,主要规定了安全生产事故的应急救援以及安全生产事故的调查处理两方面的内容。具体包括县级以上地方各级人民政府应当组织有关部门制定本行政区域内生产安全事故应急救援预案,建立应急救援体系;生产经营单位应当制定本单位生产安全事故应急救援预案,与所在地县级以上地方人民政府组织制定的生产安全事故应急救援预案相衔接,并定期组织演练;发生生产安全事故时,生产经营单位负责人应当迅速采取有效措施,组织抢救,防止事故扩大,并按照规定立即如实报告当地负有安全生产监督管理职责的部门;有关地方人民政府和负有安全生产监督管理职责的部门的负责人应当立即赶到事故现场,组织事故抢救。关于生产事故的调查处理,主要是在事故发生后,及时、准确地查清事故的原因,查明事故性质和责任,以及失职、渎职行为的行政部门的法律责任。对依法进行的事故调查处理,任何单位和个人不得阻挠和干涉。此外,本章还规定了负责安全生产监督管理的部门应当定期统计分析本行政区域内发生的生产安全事故,并定期向社会公布。

6)第六章"法律责任"共二十五条,主要规定了负有安全生产监督管理职责的部门的工作人员,承担安全评价、认证、检验和检测的中介服务机构及工作人员,各级人民政府工作人员以及生产经营单位及其负责人和其他有关人员、从业人员违反本法所应承担的法律责任。

7)第七章"附则"共三条,对本法用语"危险物品"和"重大危险源"作了解释,对安全事故的划分标准和判定标准作了说明,并规定了本法的实施时间。

(2)《中华人民共和国劳动法》

《中华人民共和国劳动法》(简称《劳动法》),作为我国第一部全面调整劳动关系的基本法和劳动法律体系的母法,是制定和执行其他劳动法律、法规的依据。同时,它以国家意志把实现劳动者的权利建立在法律保证的基础上,既是对劳动者在劳动问题上的法律保障,又是对每一个劳动者在劳动过程中的行为规范。它的颁布改变了我国劳动立法落后的状况,不仅提高了劳动法律规范的层次和效力,而且为制定单项劳动法律、法规,建立完备的劳动法律体系奠定了基础。该法共十三章一百零七条,与安全生产有关的主要内容如下:

1)工作时间和休息放假的规定:《劳动法》第四章为"工作时间和休息休假"方面的条款。

第三十六条规定:"国家实行劳动者每日工作时间不超过八小时、平均每周工作时间不超过四十四小时的工时制度。"

注:根据《国务院关于职工工作时间的规定》(1995年3月25日国务院第174号令)第三条的规定:职工每周工作时间修改为四十小时。

第三十八条规定:"用人单位应当保证劳动者每周至少休息一日。"

第三十九条规定:"企业因生产特点不能实行本法第三十六条、第三十八条规定的,经劳动行政部门批准,可以实行其他工作和休息办法。"

第四十一条规定："用人单位由于生产经营需要，经与工会和劳动者协商后可以延长工作时间，一般每日不得超过一小时；因特殊原因需要延长工作时间的，在保障劳动者身体健康的条件下延长工作时间每日不得超过三小时，但是每月不得超过三十六小时。"

第四十三条规定："用人单位不得违反本法规定延长劳动者的工作时间。"

2）劳动安全卫生的规定：《劳动法》第六章为"劳动安全卫生"方面的条款。其主要内容如下：

A. 用人单位在职业安全卫生方面的权利和义务。《劳动法》第五十二条规定："用人单位必须建立、健全劳动安全卫生制度，严格执行国家劳动安全卫生规程和标准，对劳动者进行劳动安全卫生教育，防止劳动过程中的事故，减少职业危害。"

第五十四条规定："用人单位必须为劳动者提供符合国家规定的劳动安全卫生条件和必要的劳动防护用品，对从事有职业危害作业的劳动者应当定期进行健康检查。"

B. 劳动安全卫生设施和"三同时"制度。《劳动法》第五十三条规定："劳动安全卫生设施必须符合国家规定的标准。新建、改建、扩建工程的劳动安全卫生设施必须与主体工程同时设计、同时施工、同时投入生产和使用。"

C. 特种作业的上岗要求。《劳动法》第五十五条规定："从事特种作业的劳动者必须经过专门培训并取得特种作业资格。"

D. 劳动者在安全卫生中的权利和义务。《劳动法》第五十六条规定："劳动者在劳动过程中必须严格遵守安全操作规程。劳动者对用人单位管理人员违章指挥、强令冒险作业，有权拒绝执行；对危害生命安全和身体健康的行为，有权提出批评、检举和控告。"

E. 伤亡事故和职业病的统计、报告、处理制度。《劳动法》第五十七条规定："国家建立伤亡事故和职业病统计报告和处理制度。县级以上各级人民政府劳动行政部门、有关部门和用人单位应当依法对劳动者在劳动过程中发生的伤亡事故和劳动者的职业病状况，进行统计、报告和处理。"

3）女职工和未成年工的特殊保护的规定：《劳动法》第七章为"女职工和未成年工的特殊保护"方面的条款。其主要内容如下：

第五十八条规定："国家对女职工和未成年工实行特殊劳动保护。未成年工是指年满十六周岁未满十八周岁的劳动者。"

第五十九条规定："禁止安排女职工从事矿山井下、国家规定的第四级体力劳动强度的劳动和其他禁忌从事的劳动。"

第六十条规定："不得安排女职工在经期从事高处、低温、冷水作业和国家规定的第三级体力劳动强度的劳动。"

第六十一条规定："不得安排女职工在怀孕期间从事国家规定的第三级体力劳动强度的劳动和孕期禁忌从事的劳动。对怀孕七个月以上的女职工，不得安排其延长工作时间和夜班劳动。"

第六十二条规定："女职工生育享受不少于九十天的产假。"

第六十三条规定："不得安排女职工在哺乳未满一周岁的婴儿期间从事国家规定的第三级体力劳动强度的劳动和哺乳期禁忌从事的其他劳动，不得安排其延长工作时间和夜班劳动。"

第六十四条规定："不得安排未成年工从事矿山井下、有毒有害、国家规定的第四级体力劳动强度的劳动和其他禁忌从事的劳动。"

第六十五条规定："用人单位应当对未成年工定期进行健康检查。"

（3）《中华人民共和国职业病防治法》

《中华人民共和国职业病防治法》共七章八十六条。由于产业职业危害的因素种类很多，导致职业病的范围较广，职业病类别较多，不同类别的职业病对劳动者产生的危害差异较大，对各类职业病的防治也不同，不可能把所有职业病的防治纳入本法的调整范围。根据我国的经济发展水平，并参考国际通行做法，当务之急是严格控制对劳动者身体健康危害最大的几类职业病的发生。因此，本法的调整范围限定于企业、事业单位和个体经营组织（以下简称用人单位）的劳动者在工作或者其他职业活动中，因接触粉尘、放射性物质和有毒、有害物质等职业危害因素而引起的职业病；同时，规定职业病分类和目录由国务院卫生行政部门会同国务院劳动保障行政部门规定，调整并公布。本法的主要内容如下：

1）职业病防治工作的基本方针和基本管理规定。我国职业病防治工作的基本方针是"预防为主，防治结合。"职业病防治工作的基本管理原则是"分类管理、综合治理。"

2）职业病的前期预防。本法借鉴国际上的惯例做法，从可能产业职业危害的新建、改建、扩建项目和技术改造、技术引进项目（以下统称建设项目）的"源头"实施管理，规定了预评价制度。

A. 在建设项目可行性论证阶段，建设单位应当向卫生行政部门提交职业病危害预评价报告，报告应对可能产生的职业病危害因素及其对工作场所和劳动者健康的影响作出评价。

B. 建设项目的职业病防护设施，应当与主体工程同时设计，同时施工，同时投入生产和使用；竣工验收前，建设单位应当进行职业病危害控制效果评价。

3）劳动过程中的防护与管理防治职业病，用人单位是关键。用人单位应当采取有效的防治措施，建立、健全有关制度。

本法对劳动过程中的防护与管理，作了以下具体的规定：

A. 为了保护劳动者的健康，加强对有毒、有害物质和放射性物质等主要职业危害因素所致职业病的预防和控制，需要对特殊危害工作场所实行有别于一般职业危害工作场所的管理。

B. 为了确保用人单位及时掌握本单位职业危害因素及职业卫生状况，并及时采取改进措施，保护劳动者健康，本法规定：用人单位应当实施由专人负责的职业病危害因素日常监测，并确保监测系统处于正常运行状态。用人单位应当定期对工作场所进行职业病危害因素检测、评价。发现工作场所职业病危害因素不符合国家职业卫生标准和卫生要求时，用人单位应当立即采取相应治理措施，仍然达不到国家职业卫生标准和卫生要求的，必须停止存在职业病危害因素的作业；职业病危害因素经治理后，符合国家职业卫生标准和卫生要求的，方可重新作业。

C. 本法规定：向用人单位提供可能产生职业病危害的化学品、放射性同位素和含有放射性物质的材料的，应当提供中文说明书。说明书应当载明产品特性、主要成分、存在的有害因素、可能产生的危害后果、安全使用注意事项、职业病防护以及应急救治措施等内容。产品包装应当有醒目的警示标识和中文警示说明。贮存上述材料的场所应当在规定的部位设置危险物品标识或者放射性警示标识。

D. 对转移产生职业危害作业的双方作了限制性规定：任何单位和个人不得将产生职业病危害的作业转移给不具备职业病防护条件的单位和个人。不具备职业病防护条件的单位和个人不得接受产生职业病危害的作业。

E. 对从事有害作业的劳动者不提供有效的职业卫生防护条件，导致职业危害发生的情况，本法规定：产生职业病危害的用人单位，应当在醒目位置设置公告栏，公布有关职业病防治的规章制度、操作规程、职业病危害事故应急救援措施和工作场所职业病危害因素检测结果。对产生严重职业病危害的作业岗位，应当在其醒目位置，设置警示标识和中文警示说明。用人单位与劳动者订立劳动合同时，应当在合同中写明可能存在的职业危害危险。劳动者因调换岗位或者工作内容改变而从事合同中未事先告知的存在职业危害的作业时，用人单位应当告知劳动者有关职业危害、职业卫生防护措施和待遇等内容，并协商变更原劳动合同相关条款。

F. 为了防止用人单位安排有职业禁忌的劳动者从事所禁忌的作业规定：

对从事接触职业病危害作业的劳动者，用人单位应当按照国务院卫生行政部门的规定组织上岗前、在岗期间和离岗时的职业健康检查。用人单位不得安排未经上岗前职业健康检查的劳动者从事接触职业病危害的作业；不得安排有职业禁忌的劳动者从事其所禁忌的作业；对在职业健康检查中发现有与所从事的职业相关的健康损害的劳动者，应当调离原工作岗位，并妥善安置；对未进行离岗前职业健康检查的劳动者不得解除或者终止与其订立的劳动合同。用人单位应当为劳动者建立职业健康监护档案，并按照规定的期限妥善保存。

4）职业病的诊断管理。关于职业病的诊断管理，本法主要从三个方面作了规定。

A. 职业病诊断应当由取得《医疗机构执业许可证》的医疗卫生机构承担。

B. 劳动者可以在用人单位所在地、本人户籍所在地或者经常居住地依法承担职业病诊断的医疗卫生机构进行职业病诊断。

C. 职业病诊断证明书应当由参与诊断的取得职业病诊断资格的执业医师签署，并经承担职业病诊断的医疗卫生机构审核盖章。

5）职业病病人保障。对从事接触职业危害因素作业的劳动者，发现患有职业病或者有疑似职业病的，必须及时诊断、治疗、妥善安置。本法主要从以下几方面作了规定：

A. 医疗卫生机构发现疑似职业病病人时，应当告知劳动者本人并及时通知用人单位。用人单位应当及时安排对疑似职业病病人进行诊断；在疑似职业病病人诊断或者医学观察期间，不得解除或者终止与其订立的劳动合同。疑似职业病病人在诊断、医学观察期间的费用，由用人单位承担。

B. 用人单位应当保障职业病病人依法享受国家规定的职业病待遇。用人单位应当按照国家有关规定，安排职业病病人进行治疗、康复和定期检查。用人单位对不适宜继续从事原工作的职业病病人，应当调离原岗位，并妥善安置。用人单位对从事接触职业病危害作业的劳动者，应当给予适当岗位津贴。

C. 劳动者被诊断患有职业病，但用人单位没有依法参加工伤保险的，其医疗和生活保障由该用人单位承担

D. 职业病病人变动工作单位，其依法享有的待遇不变。用人单位在发生分立、合并、

解散、破产等情形时，应当对从事接触职业病危害作业的劳动者进行健康检查，并按照国家有关规定妥善安置职业病病人。

4.《工伤保险条例》

主要涉及两条：

（1）《工伤保险条例》第二条："中华人民共和国境内的各类企业、有雇工的个体工商户应当依照本条例参加工伤保险，为本单位全部职工或者雇工缴纳工伤保险费。中华人民共和国境内的企业、事业单位、社会团体、民办非企业单位、基金会、律师事务所、会计师事务所等组织的职工和个体工商户的雇工，均有依照本条例的规定享受工伤保险待遇的权利。"

（2）《工伤保险条例》第四条："用人单位应当将参加工伤保险的有关情况在本单位内公示。职工发生工伤时，用人单位应当采取措施使工伤职工得到及时救治。"

第三节 生产安全事故预防

1. 危险、危害因素的辨识和分类

危险、危害因素辨识就是对能引起事故，导致人员伤亡或疾病的来源的辨识。通常，在现场可以通过头脑风暴、现场观察法、对照分析法开展危险、危害因素辨识。危险、危害因素分类方法有多种，这里介绍按导致事故和职业危害的直接原因进行分类，根据《生产过程危险和危害因素分类与代码》GB/T 13816 的规定，将供水调度生产过程中的危险、危害因素分为五类：

（1）物理性危险、危害因素，主要包含：

1）设备、设施缺陷（强度不够、刚度不够、稳定性差、密封不良、应力集中、外形缺陷、外露运动件、制动器缺陷、控制器缺陷、设备设施其他缺陷）；

2）防护缺陷（无防护、防护装置和设施缺陷、防护不当、支撑不当、防护距离不够、其他防护缺陷）；

3）电危害（带电部位裸露、漏电、雷电、静电、电火花、其他电危害）；

4）噪声危害（机械性噪声、电磁性噪声、流体动力性噪声、其他噪声）；

5）振动危害（机械性振动、电磁性振动、流体动力性振动、其他振动）；

6）电磁辐射（电离辐射：X射线、γ射线、α粒子、β粒子、质子、中子、高能电子束等，非电离辐射：紫外线、激光、射频辐射、超高压电场）；

7）运动物危害（固体抛射物、液体飞溅物、反弹物、岩上滑动、料堆垛滑动、气流卷动、冲击地压、其他运动物危害）；

8）明火；

9）能造成灼伤的高温物质（高温气体、高温固体、高温液体、其他高温物质）；

10）粉尘与气溶胶（不包括爆炸性、有毒性粉尘与气溶胶）；

11）作业环境不良（基础下沉、安全过道缺陷、采光照明不良、有害光照、通风不良、空气质量不良、给排水不良、涌水、强迫体位、气温过高、气温过低、气压过高、气压过低、高温高湿、自然灾害、其他作业环境不良）；

12）信号缺陷（无信号设施、信号选用不当、信号位置不当、信号不清、信号显示不

准、其他信号缺陷);

13）标志缺陷（无标志、标志不清楚、标志不规范、标志选用不当、标志位置缺陷、其他标志缺陷);

14）其他物理性危险和危害因素。

（2）化学性危险、有害因素:

1）易燃易爆物质（易燃易爆性气体、易燃易爆性液体、易燃易爆性固体、易燃易爆性粉尘与气溶胶、其他易燃易爆性物质);

2）自燃性物质;

3）有毒物质（有毒气体、有毒液体、有毒固体、有毒粉尘与气溶胶、其他有毒物质);

4）腐蚀性物质（腐蚀性气体、腐蚀性液体、腐蚀性固体、其他腐蚀性物质);

5）其他化学性危险、危害因素。

（3）生物性危险、危害因素:

1）致病微生物（细菌、病毒、其他致病微生物);

2）传染病媒介物;

3）致害动物;

4）致害植物;

5）其他生物性危险、危害因素。

（4）心理、生理性危险、危害因素:

1）负荷超限（体力负荷超限、听力负荷超限、视力负荷超限、其他负荷超限);

2）健康状况异常;

3）从事禁忌作业;

4）心理异常（情绪异常、冒险心理、过度紧张、其他心理异常);

5）辨识功能缺陷（感知延迟、辨识错误、其他辨识功能缺陷);

6）其他心理、生理性危险危害因素。

（5）行为性危险、危害因素:

1）指挥错误（指挥失误、违章指挥、其他指挥错误);

2）操作失误（误操作、违章作业、其他操作失误);

3）监护失误;

4）其他错误;

5）其他行为性危险和危害因素。

2. 控制危险、危害因素的对策措施

消除、预防和减弱危险、危害因素的技术措施和管理措施是事故预防对策中非常重要的一个环节，实质上是保障整个生产、劳动过程安全生产的对策措施。

提高生产管理水平，充分利用现有技术条件和采用新技术不断改善劳动条件，消除生产过程中的危险、危害因素，伤亡事故肯定会得到控制而大大减少的。控制危险、危害因素的对策分列如下:

（1）改进生产工艺过程，实行机械化、自动化

机械化、自动化的生产不仅是发展生产的重要手段，也是安全技术措施的根本途径。机械化，减轻劳动强度；自动化，消除人身伤害的危险。

（2）设置安全装置

安全装置包括防护装置、保险装置、信号装置及危险牌示和识别标志。

（3）预防性机械强度试验

为了安全要求，机械设备、装置及其主要部件必须具有一定必要的机械强度。必须进行预防性的机械强度试验。例如，空压机及其主要附件、受压容器、起重机械及其用具以及直径较大、转速较高的砂轮等都应规定作预防性的机械强度试验。

试验的方法为每隔一定时期使所试验的对象承受比工作高的试验负荷，如果所试验的对象在试验时间内没有破损，也没有发生剩余变形或其他不符合安全要求的毛病，就认为合格，可以准许运行。

（4）电气安全对策

电气安全对策通常包括防触电、防电气火灾爆炸和防静电等，防止电气事故可采用安全认证、备用电源、防触电、电气防火防爆、防静电等对策措施。

（5）机械设备的维护保养和计划检修

机器设备是生产的主要工具，它在运转过程中总不免有些零部件逐渐磨损或过早损坏，以致引起设备上的事故。要使机器设备经常保持良好状态以延长使用期限、充分发挥效用、预防设备事故和人身事故的发生，必须对它进行经常的维护保养和按计划检修。

（6）工作地点的布置与整洁

工作地点就是人员使用机器设备、工具及其他辅助设备对原材料和半成品进行加工的地点。完善地组织与合理地布置，不仅能够促进生产，而且是保证安全的必要条件。在配置主要机器设备时，要按照人机工程学要求使人员有最适宜的操作位置、座位、脚蹬子、脚蹬板等。在工作地点应有适当的箱、柜、架板等，以便存放工具、量具、图纸等。这些箱、柜、架板的安放要符合人员操作的顺序。对于全厂房所有机器设备布置安装时，必须考虑使加工物品所经过的线路最短，避免重复往返。车间内各通道必须保证畅通，各设备之间，设备与墙壁、柱子之间应保持一定距离以便安全和通行。

工作地点的整洁也很重要。工作地点散落的金属废屑、润滑油、乳化液、毛坯、半成品的杂乱堆放，地面不平整等情况都能导致事故的发生。因此，必须随时清除废屑、堆放整齐，修复损坏的地面以保持工作地点的整洁。

（7）个人防护用品

采取各类措施后，还不能完全保证作业人员的安全时，必须根据须防护的危险、危害因素和危险、危害作业类别配备具有相应防护功能的个人防护用品，作为补充对策。

第二章

水力学基础知识

第一节 概　　述

1. 水力学研究对象与任务

水力学是研究液体处于平衡和机械运行状态下的力学规律，并探讨运用这些规律解决工程实际问题的一门科学。在诸多种类的液体中，由于工程实际中接触最多的是水，本学科是以水作为液体研究的主要对象，故称之为水力学。水力学的基本原理和一般水力计算方法不仅适用于水，也同样适用于其他一些液体。

水力学由水静力学和水动力学两部分组成。水静力学研究液体处于静止（或相对静止）状态下的力学规律及其在工程实际中的应用；水动力学主要研究液体处于机械运动状态下的各种规律及其在工程实际中的应用。

很多工程实践都与水流现象有着密切的联系，给水工程尤其是这样。近代城市一般均由城市集中供水，即水厂利用泵将水库、江河或湖泊水抽上来，经过净化和消毒处理，再用泵通过输配水管网把水输送到用户。有时为了均衡泵的负荷，还需要修建水塔或高地水池等。这样就必须解决一系列水力学问题。例如给水厂的规划与设计、水泵的选择、给水管网的设计等。

2. 液体的主要物理性质

（1）液体的基本特征

液体由运动的分子所组成，分子与分子间具有空隙。从微观角度来看，液体是不连续和不均匀的。但是在水力学中，研究的不是液体的分子运动，而是液体的宏观机械运动，把液体的质点作为最小的研究对象。所谓质点是指由许多液体分子组成，但它的尺寸仍然非常微小，和所研究问题中的一般尺寸相比可以忽略不计。因此我们可以把液体看作是液体的质点一个挨着一个地流满着容器的全部体积，这样就可以把液体看作是连续介质，而且它的各部分和各方向的物理性质是一样的。

总之，在水力学中研究的液体是一种容易流动的、不易压缩的、均匀等向的连续介质。

（2）液体的主要物理性质

1）质量和密度、重量和容重

A. 质量和密度

质量是物体惯性大小的度量。质量愈大的物体，惯性愈大，其反抗改变原有运动状态的能力也就愈强。设物体的质量为 m，加速度为 a，则惯性力为

$$F = -ma$$

质量的标准单位为 g 或 kg，加速度的单位为 m/s^2。

对于质量是均匀分布的均质液体，其单位体积的质量称为密度，用符号 ρ 表示。如果体积是 V 的液体，它的质量是 m，那么

$$\rho = \frac{m}{V}$$

密度的国际制单位为 g/cm^3 或 kg/m^3。

B. 重量和容重

地球上的物体都会受到地心引力的作用，这种地球对物体的引力就称为重量（或重力）。重量用 G 表示，重量的单位为 N 或 kN。对于质量为 m 的液体，其重量为

$$G = mg$$

式中，g 为重力加速度，国际计量委员会规定 $g = 9.80665 m/s^2$，为简化计算，采用 $g = 9.80 m/s^2$。

对于均质液体，单位体积的重量称为容重，则容重

$$\gamma = \frac{G}{V}$$

容重的单位为 N/m^3 或 kN/m^3。在水力学中，容重有时也称为重度或重率。

根据牛顿第二定律，可知 $m = G/g$，得到密度和重度的关系式为

$$\rho = \frac{\gamma}{g} \quad 或 \quad \gamma = \rho g$$

2）黏滞性

液体在运动状态下，流层间存在着相对运动，从而产生内摩擦力，具有抵抗剪切变形的能力。液体这种产生内摩擦力，具有抵抗剪切变形能力的特性，称为液体的黏滞性。黏滞性只有在流层间存在相对运动时才显示出来，静止液体是不显示黏滞性的。也就是说，静止状态下的液体是不能承受剪切力来抵抗剪切变形的。

所有液体都有不同程度的黏滞性。由于黏滞性的存在，给研究液体运动的力学规律带来很多困难。因此在水力学中，先忽略液体的黏滞性进行研究，待得出运行规律之后，再将其规律进行必要的修正，以应用于实际液体。我们把忽略黏滞性的液体称为"理想液体"，所以，理想液体是人为地对实际液体的一种科学抽象。

3）压缩性

液体不能承受拉力，只能承受压力，抵抗体积压缩变形，当压力除去后又恢复原状，消除变形。液体具有的这种性质称为液体的压缩性，亦可称之为弹性。

一般情况下，液体的压缩性很小，因此，在一般的水力学计算中，水的压缩性可以不考虑，把水看成不可压缩的，这样水就成为一种均质液体。但在讨论水锤计算时应考虑水

的压缩性或弹性。

4）表面张力

由于液体表层分子之间的相互吸引，因此使得液体表层形成拉紧收缩的趋势。液体的这种在表面薄层内能够承受微小拉力的特性，称为表面张力特性。表面张力不仅存在于液体的自由表面上，也存在于不相混合的两层液体之间的接触面上。表面张力很小，通常情况下可以忽略不计，仅当液体的表面曲率很大时才需考虑。由于水利工程中所接触到的水面一般较大，自由表面的曲率很小，故在水力学问题中，一般不考虑表面张力的影响。

5）汽化压力

当液体分子具有足够大的动能时，就会克服分子间的引力，从液面放射出来而为蒸汽，这种现象称为汽化。液体汽化时所具有的向外扩张的压力（压强）就是汽化压力，也叫饱和蒸汽压。若液体所受外界压力等于或稍低于汽化压力，液体就沸腾（冷沸）。水在正常流动时，如因压力降低而汽化时将影响水流运动，造成不良后果，必须注意防止。

第二节　水　静　力　学

1. 静水压强及特性

（1）静水压强

所谓液体的静止或相对静止，是指液体质点间不存在相对运动，也就是说静止液体中不存在切力，所以只有垂直于受压面（也称作用面）的压力。作用在作用面整个面积上的压力称为总压力或压力，作用在单位面积上的压力是压力强度，简称压强。用数字式表达为：

$$P_0 = \frac{P}{S}$$

式中　P_0——静水压强，Pa 或 kPa；

　　　P——静水压力，N 或 kN；

　　　S——受力面积，cm^2 或 m^2。

（2）静水压强的特性

1）静水压强的方向与受压面垂直并指向受压面。

2）静水中任何一点上各个方向的静水压强大小均相等，静水压强大小与作用面的方位无关。

由于压强是指单位面积上的压力，因此，静水压强大小与容器中水的总重量没有直接关系，而只与水的深度有关。水深相同，静水压强就相等。

2. 静水压强的基本规律

（1）静水压强的基本方程

从实验可以得出静水压强是随水深的增加而增加的，根据静力学平衡方程可以得到静水压强基本方程式：

$$P = P_0 + \gamma h$$

式中　P_0——表面压强；

　　　γ——水的重度；

　　　h——水柱高度。

它表明仅在重力作用下，水中某一点的静水压强等于表面压强加上水的重度与该点水深的乘积。

（2）静水压强的规律

1）若表面压强 P_0 以某种方式使之增大，则此压强可不变大小地传至液体中的各个部分，这就是帕斯卡原理。静止液体中的压强传递特性是制作油压千斤顶、水压机等机械的原理。

2）在重力作用下的静止均质液体中，自由表面下深度 h 相等各点，压强相等。压强相等各点组成的面称为等压面。自由表面是水深等于零的各点所组成的等压面，重力作用下静止液体中的等压面都是水平面。同样，两种不相混杂液体的分界面也是水平面。

3）重度不同，产生的压强也就不同，一个容器，装满清水（重度 $1000kg/m^3$）或装满汞（重度 $13600kg/m^3$）或装满海水（重度 $1020 \sim 1030kg/m^3$），对于容器底压强不相同。

3. 静水压强的单位和测量

（1）压强的单位

1）以应力单位表示

压强用单位面积上受力的大小，即应力单位来表示，这是压强的基本表示方法。工程单位制中以 kg/cm^2、t/m^2 表示。国际单位制中以 Pa、kPa 表示。

2）以大气压表示

物理学中规定：以海平面的平均大气压 760mm 高的水银柱的压强为一标准大气压，其数值为

1 标准大气压 $= 1.033kg/cm^2$

工程中，为计算简便，规定 1 工程大气压 $= 1.0kg/cm^2 = 98kPa$。

3）以水柱高表示

由公式 $P = \gamma h$，则 $h = \dfrac{P}{\gamma}$。因为水的容重 γ 为常数，则水柱高度 h 可以表示某点压强的大小，即用压强水头表示点压强的大小。

例如：$P = 10t/m^2$ 就相当于底面积为 $1m^2$，10m 高的水柱所产生的压强，即 $P = 10t/m^2 = 10m$ 水柱高，通常写成

$$h = \frac{P}{\gamma} = \frac{10}{1} = 10(\text{m})$$

在工程实践中，有时也习惯写成 $\dfrac{P}{\gamma} = 10m$ 水柱高。

压强三种单位间的关系为

$1kg/cm^2 = 10t/m^2 = 10m$ 水柱高 $= 1$ 工程大气压

（2）压强的测量与计算

1）测压管

测压管是最简单的液压计，将两端开口玻璃管，一端接在和被测点同一水平面的容器壁孔上，观读测压管高度就是和该点压强相应的液柱高度，或按 $P = \gamma h$ 计算出其相对压强。

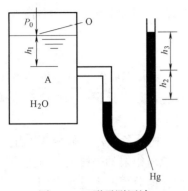

图 2-1 U形汞测压计

测压管不宜太长，所以测压范围不宜超过 2m 水柱。

2）U形水银测压计

压强较大的，可用 U 形汞压强计测定，如图 2-1 所示。

$$P_A + \gamma h_2 = \gamma'(h_2 + h_3)$$
$$P_A = \gamma'(h_2 + h_3) - \gamma h_2$$
$$P_0 = P_A - \gamma h_1$$

3）压差计（比压计）

工程实践中有很多情况只需要测两点压强之差，就可采用压差计。

4）金属压力表

测量较大压强，可用金属压强表，具有携带方便、装置简单。

（3）液体的相对平衡

1）液体在水平方向作等加速运动的相对平衡

前面所研究的静止液体，其受到的质量力只有重力，液体相对于地球是静止的。当液体随同容器在水平方向作等加速运动时，其受到的质量力除重力外，还有惯性力。这种状态下液体虽然相对容器是静止的，但相对地球却是运动的，称为相对静止液体或相对平衡液体。

2）绕中心铅直轴等速旋转容器中的液体平衡

图 2-2 为盛有液体的直立圆筒容器，以等角速度绕中心轴 Z 轴旋转，由于液体的黏滞性作用，与容器边壁接触的液体首先被带动而旋转并逐渐发展至中心，使所有液体质点都绕 OZ 轴旋转。当运动稳定后，液体和容器均保持相同的旋转角速度，液面则形成一个漏斗旋转面，液体质点相对容器处于静止状态。

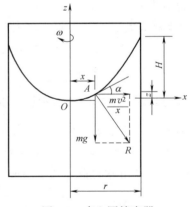

图 2-2 直立圆筒容器

（4）绝对压强与相对压强

绝对压强是以没有空气的绝对真空，即压力为零作基准算起的，以 $P_绝$ 表示。

在工程中，通常水流表面或建筑物表面多为大气压强 P_a，为简化计算，采用以大气压强为零作为计算的起始点。这种以大气压强为零算起来的压强称为相对压强，以 $P_相$ 表示。若不加说明，静水压强即指压强，直接以 P 表示。

对于某一点的压强来说，它的相对压强值较该点的绝对压强值小一个大气压，即

$$P = P_绝 - P_a$$

（5）真空

在实践中，常会遇到压强小于大气压的情况，称为真空。其真空值 $P_真$ 与相对压强和绝对压强的关系是

$$P_真 = P_a - P_绝 = -P_相$$

真空值的大小用水柱高度表示，称为真空高度：$h_真 = P_真 / \gamma$。

离心水泵和虹吸管能把水从低处吸到一定的高度，就是利用真空这个道理。

第三节 水 动 力 学

1. 基本概念

（1）流线和迹线

流线是某一时刻在流场中画出的一条空间曲线，在该时刻，曲线上所有质点的流速矢量均与这条曲线相切。因此一条某时刻的流线表明了该时刻这条曲线上各点的流速方向。在运动液体的整个空间，可绘出一系列流线，称为流线簇。流线簇构成的流线图称为流谱。

流线和迹线是两个完全不同的概念。流线是同一时刻与许多质点的流速矢量相切的空间曲线，而迹线则是同一质点在一个时段内运动的轨迹线。

流线具有如下特征：

1）一般情况下，流线既不相交，也不会折线，而只能是一条连续光滑的曲线。

2）流场中每一点都有流线通过，即流线充满整个流场。

3）在恒定流条件下，流线的形状、位置以及流谱不随时间变化，且流线与迹线重合。

（2）流量、断面平均流速和过水断面

流量是单位时间内通过过水断面的液体体积，以 Q 表示，单位为 m^3/s 或 L/s 等。

断面平均流速是指单位时间内水流所通过的距离，用 v 表示，单位为 m/s。

过水断面是指垂直于水流方向上，水流所通过的断面。当流线为平行直线时，过水断面是一平面；当流线不平行时，过水断面是一曲面。

（3）均匀流与非均匀流

按流速沿流程变化与否分为均匀流和非均匀流。

均匀流：水流运动中，过水断面的每一条流线上的流速大小和方向沿流程不变，称为均匀流。其特点是流线为平行的直线。如水流在等直径的直管段和等水深的沟渠中流动等。

非均匀流：水流过水断面的每一条流线上的流速沿流程是变化的，称为非均匀流。其特点是流线互不平行。如水流在变径的管道中或弯道上的流动。渐变流为在水流运动中可将流线视为平行直线的运动情况，水流运动中不能将流线视为平行直线的运动称为急变流。

渐变流过水断面上的动水压强符合静水压强分布规律，这是因为在渐变流区，由于流线几乎是平行的直线，过水断面可认为是平面，过水断面与流速方向垂直，过水断面上没有流速投影和加速度投影，即惯性力在过水断面上的投影为零。因此过水断面上的压强分布是一仅与重力有关的水静力学问题，与静水压强相同。

2. 恒定总流三大运动方程

（1）连续性方程

恒定总流的连续性方程是质量守恒定律在水力学的具体体现。

从下图总流中任取一段，其进口过水断面 1-1 面积为 A_1，出口过水断面 2-2 面积为 A_2，再从中任取一束元流，其进出口过水断面面积和流速分别如图 2-3 所示，考虑到：

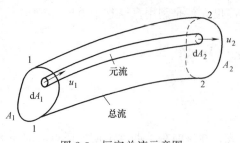

图 2-3　恒定总流示意图

1）在恒定流条件下，元流的形状与位置不随时间改变；

2）不可能有液体经元流侧面流进或流出；

3）液流为连续介质，元流内部不存在空隙。

根据质量守恒原理，单位时间内流进 dA_1 的质量等于流出 dA_2 的质量。因总流为许多元流所组成的有限集合体，将恒定元流的连续性方程在总流过水断面上积分，并引入断面平均流速后，可得

$$v_1 A_1 = v_2 A_2 = Q = 常数$$

式中　v——断面平均流速。

上式即为恒定总流的连续性方程。恒定总流的连续性方程是不涉及任何作用力的运动学方程，所以，它无论对于理想液体还是实际液体都适用。

（2）能量方程

恒定总流的能量方程（即伯努利方程）是能量守恒定律在水力学中的具体体现，是水动力学的核心。

理想液体恒定元流的能量方程由瑞士物理学家伯努利首先导出的，故又称其为伯努利方程。这一方程在水力学中极为重要，它反映了重力场中理想液体沿元流（或者说沿流线）作恒定流动时，位置标高 Z、动水压强 p 和流速 u 之间的关系。

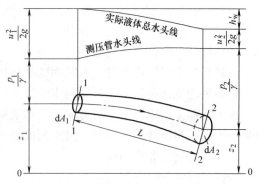

图 2-4　恒定总流能量方程示意图

通过推导得出：　$$Z_1 + \frac{p_1}{\gamma} + \frac{\alpha_1 v_1^2}{2g} = Z_2 + \frac{p_2}{\gamma} + \frac{\alpha_2 v_2^2}{2g} + h_w$$

这就是实际流体恒定总流的能量方程（即伯努利方程）。

恒定总流能量方程的应用条件：

1）恒定流。

2）不可压缩流体。

3）质量力只有重力。

4）过水断面取在均匀流或渐变流区段上，但两过水断面之间可以是急变流。

5）两过水断面间除了水头损失以外，总流没有能量的输入或输出。

（3）动量方程

恒定总流的动量方程是动量守恒定律在水力学中的具体体现，它反映了水流动量变化与作用力之间的关系。动量方程的特殊优点在于不必知道流动范围内部的流动过程，而只需要知道其边界面上的流动状况即可，它可用来解决急变流动中，水流与边界面之间的相互作用力问题。

恒定总流的动量方程：$\rho Q (\beta_2 v_2 - \beta_1 v_1) = \sum F$

3. 水头损失

（1）水头损失的分类

在水流运动时，流层间就会产生阻止相对运动的内摩擦力，即水流切应力。流体为保持流动，必须克服这种阻力而做功，因而就消耗了机械能。具体地说，机械能的消耗，即能量损失的大小，取决于水流切应力的大小和流层间的相对运动。

为了便于分析和计算，根据边界条件的不同，把水头损失 h_ω 分为两类：

1）沿程水头损失

在均匀的和渐变的流动中，由于沿全部流程的摩擦阻力即沿程阻力而损失的水头，叫做沿程水头损失，用 h_f 表示，它随流动长度的增加而增加。在较长的输水管道和河渠中的流动，都是以沿程水头损失为主的流动。

2）局部水头损失

在流动的局部地区，如管道的扩大、缩小、转弯和阀门等处，由于边界形状的急剧变化，在局部段内使水流运动状态发生急剧变化，形成较大的局部水流阻力，消耗较大的水流能量，这叫做局部水头损失，用 h_j 表示。

引起沿程水头损失和局部水头损失的外因虽有差别，但内因是一样的。当各局部阻力达到足够的距离时，某一流段中的全部水头损失 h_ω，即可认为等于该流段中各种局部水头损失与各分段沿程水头损失的总和，即

$$h_\omega = \sum h_f + \sum h_j$$

（2）水头损失计算

1）沿程水头损失的计算

根据对各种不同管道、隧洞等，通过不同条件进行的实验结果表明，沿程水头损失 h_f 与流速水头 $v^2/2g$ 损失、水力半径 R、计算长度 L 以及边界的粗糙程度和水流的形态有关。

一般采用下式计算：

$$h_f = \lambda \frac{L}{4R} \cdot \frac{v^2}{2g}$$

式中：λ——沿程水头损失系数或沿程阻力系数，它是一个反映水流形态和边界粗糙度对沿程水头损失的影响的数值（没有单位）；

$\quad\quad\quad$ R——水力半径。

对于供水管道

$$R = \frac{\omega}{\chi} = \frac{\frac{\pi}{4}}{\pi d} = \frac{d}{4}$$

也就是说，对供水管道，沿程水头损失公式可写成

$$h_f = \lambda \frac{L}{d} \cdot \frac{v^2}{2g}$$

对不同材质和不同管径的管子，在不同流量下进行大量实验的结果发现，λ 的变化与 Re 数和边界粗糙度有关。如令

$$c = \sqrt{\frac{8g}{\lambda}}$$

沿程水头损失公式就成为适用于任何断面开关的另一形式的沿程水头损失计算公式

$$h_f = \lambda \frac{v^2}{c^2} \frac{L}{R}$$

由于 $h_f/L = i$，i 为单位流程上的水头损失，等于水力坡度。

上式又可写成

$$v = c\sqrt{Ri}$$

式中 c 是一个系数，称为谢才系数。上式又称为谢才公式，谢才公式又称均匀流的流速公式，在水力学上也是一个基本公式。

2）局部水头损失的计算

局部水头损失是由于水流边界突然改变，水流发生激烈变化而引起的水头损失。例如水流断面渐放、渐缩，液流转弯、分支、汇合等。

局部水头损失计算公式为：

$$h_j = \varepsilon \frac{v^2}{2g}$$

式中 ε 为局部阻力系数，由于断面突变处的水流非常紊乱，一般均处于紊流粗糙区，所以 ε 只与断面形状有关，与雷诺数无关。各种局部阻力系数可在给水排水手册中查找到。

第四节　有压管道的恒定流

1. 概述

水沿管道满管流动的水力现象称为有压管流。在有压管流中，整个过水断面均被水流所充满，管内水流没有自由液面，管道边壁处处受到液体压强的作用，且压强的大小一般不等于当地大气压强。

有压管流分恒定流与非恒定流。有压管道中液体的运动要素均不随时间变化，称为有压管道的恒定流动，否则，称为有压管道的非恒定流动。

压力管道中的恒定流动，其水力计算主要有以下几个方面的问题：

（1）最主要的是管道输水能力的计算。即在给定水头、管线布置和断面尺寸的情况下，确定它能输送的流量；或在给定需要输送的流量、管线布置及作用水头的情况下，计算管线应有的断面尺寸。

（2）当管线布置已定，且管道必须输送某一流量时，要求确定应有的水头。

（3）给定流量、作用水头和断面尺寸，要求确定沿管道各断面水流的压强。

对压力管道中恒定流的水力计算，又根据管道中的水流的沿程水头损失，局部水头损失及速度水头所占的比重，分为下面两种情况：

（1）长管：管道中水流的沿程水头损失较大，而局部水头损失及速度水头很小，以致可以忽略不计。

（2）短管：管道中水流的沿程水头损失、局部水头损失及速度水头所占的比重均较大（后两项大于沿程水头损失的 5%～10%），在计算中不能忽略其中任何一种。

一般自来水管可视为长管。

根据管线的布置，压力管路又可分为：

简单管路：没有分支的管路，其流量在管路的全长上是固定不变的。

复杂管路：由两根以上的管路组成，主要有分支管网与环状管网，如自来水系统。

2. 压力管中的水锤现象

在有压管路系统中，由于阀门的突然关闭、水泵机组的突然停机等外界原因，使得管中水流速度发生突然变化，从而引起管中压强急剧升高和降低的交替变化，这种水力现象称为水击，或称水锤。因压力管道中流速突然减小，而使管内水流压强急剧升高的水锤，叫做正水锤；反之，由于压力管道中流速突然增大，而使管内水流压强急剧降低的水锤，叫做负水锤。

水锤引起的压强升高，可达管道正常工作压强的几十倍。这种大幅度的压强波动，往往引起管路强烈振动，阀门损坏，管路接头断开，甚至爆管等重大事故。

1）水锤产生的原因

现以简单管道阀门突然关闭为例说明水锤发生的原因。设简单管道长度为 l，直径为 d，阀门关闭前管中断面的平均流速为 v_0，正常流动时阀门处的压强为 P_0，如图 2-5 所示。如阀门突然关闭，则紧靠阀门的一层水突然停止流动，速度为 v_0 骤变为零。根据动量定律，单位时间内流体动量的变化等于作用在该流体上的外力。这外

图 2-5　简单管道阀门水锤行进图

力是阀门对水的作用力。因外力作用，紧靠阀门这一层水的压强突然升至 $P_0+\Delta P$，升高的压强 ΔP 为水锤压强。

在水锤的传播过程中，管道各断面的流速和压强皆随时间周期性升高、降低，所以水锤过程是非恒定流动。

如果水锤传播过程中没有能量损失，水锤波将一直周期性地传播下去。但实际上，水在运动过程中因水的黏性摩擦及水和管壁的变形作用，能量不断损失，因而水锤压强迅速衰减。

2）水锤危害的预防

为了减少由水锤造成的危害，工程上常常采取如下措施来减少水锤压强。

A）延长阀门的启闭时间

从水锤波的传播过程可以看出，关闭阀门所用的时间愈长，从上游反射回来的减压波所起的抵消作用愈大，因此阀门处断面的水锤压强也就愈小。工程中总力求发生直接水锤，并尽可能地设法延长阀门的启闭时间。但要注意，根据水泵站运转的要求，阀门启闭时间的延长是有限度的。

B）缩短压力水管的长度

压力管道愈长，则水锤波以一定速度从阀门处传播到上游，再由上游反射回阀门处所需要的时间也愈长，在阀门处所引起的最大水击压强也就愈不容易得到缓解。为了缩短由上游反射回阀门处所需要的时间，设计中应尽可能缩短压力管道的长度。

C）增设调压设施

若压力管道的缩短受到一定条件限制时，可根据具体情况，在距水泵站厂房不远的地方修建调压塔（井）。调压塔（井）是一个具有一定贮水容量的构筑物，当水泵站压力管道的阀门（或水泵机组）关闭而减少引用流量时，压力管道中的水流，因惯性作用而分流进入调压塔（井）中，使调压塔（井）水位上升。调压塔（井）下游的压力管道中虽亦发生水击，但由于调压塔（井）内的水位及其流动发生变化，从而对水锤压强的增减起了控制作用，也就在一定程度上限制或完全制止了水锤波向上游传播。同时也可在管路上设置水锤消除阀（类似于安全阀）。

D）减小压力管道中的水流流速

如果压力管道中原来的流速比较小，则因阀门突然关闭而引起的流速变化也比较小，水流惯性引起的水锤压强也就不会很大。因此在工程设计时，可采用加大管径的办法，以达到减小流速的目的。但这个办法不一定经济，或者受到其他条件的限制。在不允许增加管径时，则可在压力管道末端设置放空阀。当阀门突然关闭时，可用放空阀将管内的一部分水从旁边放出去，同样可达到减少管道中流速变化，从而减小水锤压强的目的。

第三章

电气专业基础理论

第一节 电路基础

电气是电能的生产、传输、分配、使用和电工装备制造等学科或工程领域的统称。是以电能、电气设备和电气技术为手段来创造、维持与改善限定空间和环境的一门科学，涵盖电能的转换、利用和研究三方面，包括基础理论、应用技术、设施设备等。

1. 电路的基本概念

（1）定义

电路是由各种元器件（或电工设备）按一定方式联接起来的总体，为电流的流通提供路径。电路的作用是产生、分配、传输和使用电能。

（2）组成

电路包括四个部分：

1）电源（供能元件）：为电路提供电能的设备和器件（如电池、发电机等）。

2）负载（耗能元件）：使用（消耗）电能的设备和器件（如灯泡等电器）。

3）控制器件：控制电路工作状态的器件或设备（如开关等）。

4）联接导线：将电气设备和元器件按一定方式联接起来（如各种铜、铝电缆线等）。

（3）状态

1）通路（闭路）：电源与负载接通，电路中有电流通过，电气设备或元器件获得一定的电压和电功率，进行能量转换。

2）开路（断路）：电路中没有电流通过，又称空载状态。

3）短路（捷路）：电源两端的导线直接相连接，输出电流过大，对电源来说属于严重过载，如没有保护措施，电源或电器会被烧毁或发生火灾。通常在电路或电气设备中安装熔断器、保险丝等装置，以避免发生短路时出现不良后果。

2. 基本定律

欧姆定律和基尔霍夫电流定律、基尔霍夫电压定律统称为电路的三大基本定律，它们反映了电路中的两种不同约束。

（1）欧姆定律

在同一电路中，通过某段导体的电流跟这段导体两端的电压成正比，跟这段导体的电阻成反比。标准式 $I=\dfrac{U}{R}$。

（2）电流定律

基尔霍夫第一定律也称为节点电流定律，它解决了汇集到电路节点上各条支路电流的约束关系：对电路的任意节点而言，流入节点的电流的代数和恒等于零。此规律在规定流入节点的电流和流出节点的电流正、负取值不同时成立。

（3）电压定律

基尔霍夫第二定律也称为回路电压定律，它解决了一个回路中所有元件上电压降的相互约束关系：对电路的任意回路而言，绕回路一周，所有元件上电压降的代数和恒等于电路的电压升。此规律在标定了回路绕行方向后，并规定电压降或回路电压升和绕行方向一致时取正、否则取负时成立。

第二节 变 压 器

1. 工作原理及用途

变压器是根据电磁感应原理而制成的静止的传输交流电能并改变交流电压的装置。变压器就是通过电磁感应将一个系统的交流电压和电流转换为另一个系统的电压和电流的电力设备。

2. 组成及分类

变压器的组成部分主要包括三部分。一是磁路部分，也就是变压器的铁心部分；二是电路部分，也就是绕组部分，通常叫做线圈；三是冷却系统，对干变而言就是风机，对油变指的是变压器油、散热片、冷却水和风机等用于变压器冷却的东西。另外还包括附件，干变附件包括温控温显系统、绝缘子、托线夹等；油变附件指的是分接开关、高低压套管、吸湿器、气体继电器等。

图 3-1 常用油浸式变压器

变压器的种类很多，根据不同的分类标准，得出不同的分类结果。按用途分：分为电力变（用于电力系统的变压器）和特种变（其他各类变压器又称为杂类变压器）；按相数分：单相变压器，三相变压器和多相变压器；按绕组分：双绕组变压器，自耦变压器，三绕组变压器和多绕组变压器；按冷却条件分：油浸式变压器（包括油浸自冷，油浸风冷，强风冷却，强油水冷等），干式变压器和充气式变压器；按调压方式分：有载调压和无励磁调压等。工业上比较常见的有油浸式变压器和干式变压器两种，如图3-1和图3-2所示。

图 3-2　常用干式变压器

第三节　电 动 机

电动机是把电能转换成机械能的一种设备。它是利用通电线圈（也就是定子绕组）产生旋转磁场并作用于转子鼠笼式闭合铝框形成磁电动力旋转扭矩。电动机主要由定子与转子组成。

（1）电动机的分类

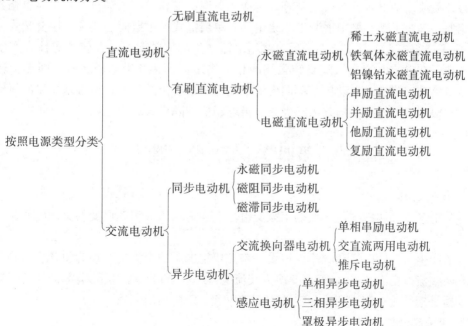

（2）电动机的特点

1）直流电动机

直流电动机是依靠直流工作电压运行的电动机。

无刷直流电动机是采用半导体开关器件来实现电子换向的，即用电子开关器件代替传统的接触式换向器和电刷。具有可靠性高、无换向火花、机械噪声低等优点。

永磁式直流电动机由定子磁极、转子、电刷、外壳等组成，定子磁极采用永磁体（永久磁钢），有铁氧体、铝镍钴、钕铁硼等材料。按其结构形式可分为圆筒型和瓦块型等。

电磁式直流电动机由定子磁极、转子、换向器、电刷、机壳、轴承等构成。电磁式直流电动机根据其励磁方式的不同可分为串励直流电动机、并励直流电动机、他励直流电动机和复励直流电动机。

2）交流电动机

交流同步电动机是一种恒速驱动电动机，其转子转速与电源频率保持恒定的比例关系。

其中永磁同步电动机属于异步启动永磁同步电动机，其磁场系统由一个或多个永磁体组成，通常是在用铸铝或铜条焊接而成的笼型转子的内部，按所需的极数装镶有永磁体的磁极。定子结构与异步电动机类似；磁阻同步电动机是由同笼型异步电动机演变而来，为使电动机能产生异步启动转矩，转子还设有笼型铸铝绕阻。磁阻同步电动机分为单相电容运转式、单相电容启动式、单相双值电容式等多种类型；磁滞同步电动机是利用磁滞材料产生磁滞转矩而工作的同步电动机。它分为内转子式磁滞同步电动机、外转子式磁滞同步电动机和单相罩极式磁滞同步电动机。

交流异步电动机是领先交流电压运行的电动机。其中单相异步电动机由定子、转子、轴承、机壳、端盖等构成。定子由机座和带绕组的铁心组成。铁心由硅钢片冲槽叠压而成，槽内嵌装两套空间互隔 90°电角度的主绕组和辅绕组。主绕组接交流电源，辅绕组串接离心开关或启动电容、运行电容等，再接入电源；三相异步电动机的结构与单相异步电动机相似，其定子铁心槽中嵌装三相绕组（有单层链式、单层同心式和单层交叉式三种结构）。定子绕组接入三相交流电源后，绕组电流产生的旋转磁场，在转子导体中产生感应电流，转子在感应电流和气隙旋转磁场的相互作用下，又产生电磁转柜（即异步转柜），使电动机旋转；罩极式电动机是单向交流电动机中最简单的一种，通常采用笼型斜槽铸铝转子。它根据定子外形结构分为凸极式罩极电动机和隐极式罩极电动机。

第四节　变　频　器

1. 基础知识

通常把电压和频率固定不变的工频交流电变换为电压或频率可变的交流电的装置称作变频器。

为了产生可变的电压和频率，该设备首先要把电源的交流电变换为直流电（DC），这个过程叫整流。把直流电（DC）变换为交流电（AC）的装置，其科学术语为逆变器。一般逆变器是把直流电源逆变为一定的固定频率和一定电压的装置。

2. 变频器分类

变频器的分类方法有多种，按照主电路工作方式分类，可以分为电压型变频器和电流型变频器；按照开关式分类，可以分为 PAM 控制变频器和高载频 PWM 控制变频器；按照工作原理分类，可以分为 V/F 控制变频器、转差变频控制变频器和矢量控制变频器等；

按照用途分类，可以分为通用变频器、专用变频器、高频变频器单相变频器等。

3. 变频器启动特性

采用变频器运转，随着电机的加速相应提高频率和电压，启动电流被限制在150％额定电流以下（根据机种不同，为125％～200％）。用工频电源直接启动时，启动电流为额定电流6～7倍，因此，将产生机械电气上的冲击。采用变频器传动可以平滑地启动（启动时间变长）。启动电流为额定电流的1.2～1.5倍，启动转矩为70％～120％额定转矩；对于带有转矩自动增强功能的变频器，启动转矩为100％以上，可以带全负载启动。

4. 变频器类型与容量选择

变频器可分为通用型和专用型，一般的机械负载和要求高过载的情况，选择通用型变频器。专用型变频器又可分为风泵专用型、电梯专用型、张力控制专用型等，根据自身应用环境加以选择。

变频器的容量选择是最重要的，应从负载的实际负荷电流、启动转矩、控制方式来合理选择。如负载是风机、水泵，则选择风泵专用型与电机同功率即可；对罗茨风机和深井泵应选择风泵专用型比电机功率大一挡的变频器。启动转矩是容易忽视的选项，对大的惯量负载，变频器可能要比电机功率加大数挡。

5. 变频器的保护功能

5分钟内可重复的过载，持续时间60秒，150％的完成额定输出电流；

1分钟内持续3秒200％过载；

过压、欠压保护；

变频器过温保护；

实现电机过热保护；

接地故障保护；

短路保护；

闭锁电动机保护；

电动机失速防护等。

第五节　供电系统基础

1. 供电系统基础知识

供电系统，是指从企业所需电力能源进厂起到所有用电设备终端止的整个电路，由总降压变电所（高压配电所）、高压配电线路、车间变电所、低压配电线路及用电设备组成。

它是由发电、变电、输电、配电和用电等环节组成的电能生产与消费系统。其功能是将自然界的一次能源通过发电动力装置（主要包括锅炉、汽轮机、发电机及电厂辅助生产系统等）转化成电能，再经输、变电系统及配电系统将电能供应到各负荷中心，通过各种设备再转换成动力、热、光等不同形式的能量，为地区经济和人民生活服务。

在电力系统中，联系发电和用电的设施和设备的统称电网。属于输送和分配电能的中间环节，它主要由联结成网的送电线路、变电所、配电所和配电线路组成。通常把由输电、变电、配电设备及相应的辅助系统组成的联系发电与用电的统一整体称为电力网。

目前我国常用的交流电压等级：220V、380V、6kV、10kV、35kV、110kV、220kV、

330kV、500kV、750kV、1000kV。

电压等级划分：

低压：标称电压 1kV 及以下的交流电压等级。

中压：国家电网公司的规范性文件明确 1kV 以上至 20kV 的电压等级。

高压：标称电压 1kV 以上、330kV 以下的交流电压等级。标称电压 ±800kV 以下的直流电压等级。

超高压：标称电压 330kV 及以上、1000kV 以下的交流电压等级。

特高压：标称电压 1000kV 及以上的交流电压等级；标称电压 ±800kV 及以上的直流电压等级。我国规定安全电压为 36V、24V、12V 三种。

2. 电网供电可靠性

保证供电系统的安全可靠性是电力系统运行的基本要求。所谓供电的可靠性，是指确保用户能够随时得到供电。这就要求供配电系统的每个环节都安全、可靠运行，不发生故障，以保证连续不断地向用户提供电能。一般将电力用户负荷分为三级。

一级负荷是指中断供电将造成人身伤亡危险，或造成重大设备损失且难以修复，或给国民经济带来重大损失，或在政治上造成重大影响的电力负荷。如火车站、大会堂、重要宾馆、通信交通枢纽、重要医院的手术室、炼钢炉、国家级重点文物保护场所等。一级负荷要求由两个独立电源供电，当其中一个电源发生故障时，另一个电源不应同时受到损坏。对一级负荷中特别重要的负荷，除上述两个电源外，还必须增设应急电源。常用的应急电源有：独立于正常电源的发电机组、专门的供电线路、蓄电池、干电池等。

二级负荷是指中断供电将在政治、经济上造成较大损失的电力负荷，如主要设备损坏、大量产品报废、连续生产过程被打乱需较长时间才能恢复、重点企业大量减产等。二级负荷要求由双回路供电，供电变压器也应有两台（这两台变压器不一定在同一变电所），当其中有一条回路或一台变压器发生常见故障时，二级负荷应不致中断供电，或中断供电后能迅速恢复供电。

三级负荷为一般电力负荷，所有不属于上述一、二级负荷者均为三级负荷。由于三级负荷为不重要的一般负荷，因而它对供电电源无特殊要求。

3. 高压隔离开关

隔离开关与断路器配合使用时，两者之间必须有机械的或电气的联锁，保证隔离开关必须在断路器切断电流之后才能分闸；并且只有在隔离开关合闸之后，断路器才能合闸。

操作隔离开关时应注意与断路器的操作顺序：

1）送电时：先合母线（电源）侧的隔离开关，再合线路（负荷）侧的隔离开关，最后合上断路器；

2）断电时：操作顺序相反，先分断路器，再分线路（负荷）侧的隔离开关，最后分母线（电源）侧的隔离开关。

4. 变电所

变电所，就是改变电压的场所，是电力系统中对电能的电压和电流进行变换、集中和分配的场所。为保证电能的质量以及设备的安全，在变电所中还需进行电压调整、潮流（电力系统中各节点和支路中的电压、电流和功率的流向及分布）控制以及输配电线路和主要电工设备的保护。按用途可分为电力变电所和牵引变电所（电气铁路和电车用）。

5. 常见的配电柜

（1）低压配电柜

目前市场上流行的低压开关柜型号很多，归纳起来有以下几种型号：GGD、GCK、GCS、MNS、MCS柜。

1）GGD、GCK、GCS、MNS型号开关柜的区别

① GGD是固定柜，GCK、GCS、MNS是抽屉柜；

② GCK柜和GCS、MNS柜抽屉推进机构不同；

③ GCS柜只能做单面操作柜，柜深800mm；

④ MNS柜可以做双面操作柜，柜深1000mm。

2）几种低压开关柜型号见表3-1。

不同型号低压开关柜特点　　　　　　　表3-1

产品型号	互换性	联锁位置	固定与抽出混装方式	抽屉推进式	抽屉间隔安装方式	分断接通能力	二次最大安装回路数	动热稳定性	垂直排
GCK	差	—	无	可以	左右	高	16	好	三相
GCS	良好	良好	不明显	可以	旋转	高	20	高	三相
MNS	良好	良好	不明显	可以	联锁	强	20	强	三相四线

（2）高压开关柜

高压开关柜是金属封闭开关设备的俗称，广泛应用于配电系统，是接受与分配电能之用。既可根据电网运行需要将一部分电力设备或线路投入或退出运行，也可在电力设备或线路发生故障时将故障部分从电网中快速切除，从而保证电网中无故障部分的正常运行，以及设备和运行维修人员的安全。

目前市场上流行的高压开关柜型号很多，归纳起来有以下几种型号：GG-1A（F）、JYN、HXGN、XGN、KYN型号。其中较常用的有中置式高压柜如图3-3所示。

落地式高压开关柜如图3-4所示。

图3-3　中置式高压柜

图3-4　落地式高压开关柜

第六节　安　全　用　电

安全用电基本原则是"安全第一，预防为主"。安全电压，就是不致使人直接致死或致残的电压，50V（50Hz交流有效值）称为一般正常环境条件允许持续接触的"安全特低电压"。因此，我国确定安全电压为12V，当空气干燥、工作条件好时可使用24V、36V。12V、24V和36V为我国规定的三个等级安全电压值。

1. 电气事故

电气事故的危害是多样的，常见的有电气火灾和触电，全世界每年死于电气事故的约占全部事故的25%；电气火灾约占火灾事故总数的14%。

（1）电气火灾

着火后电气设备可能仍然带电，同时由于着火使电气设备绝缘损坏，或带电体断落而形成接地或短路事故，在一定范围内大地带电，着火区域可能在跨步电压，存在着触电危险。一些充油的电气设备，着火引起的喷油容易形成爆炸。

电火扑救一般采用干粉灭火器和二氧化碳灭火器。灭火时应保持一定的安全距离，其中10kV的灭火安全距离为0.4m，35kV的灭火安全距离为0.6m。

（2）触电伤害

触电是指人体触及带电体后电流对人体造成的伤害。人碰到了带电导体、漏电设备而使电流通过了人体，电压越高，通过人体的电流越大，通电的时间越长，人体内部组织受到的损伤越严重，越易危害人身安全。

1）触电症状

电流通过人体时，使内部组织受到较为严重的损伤。出现全身发热、发麻、肌肉发生不由自主的抽搐，逐渐失去知觉，持续下去，心脏、呼吸机能和神经系统受伤，直到停止呼吸、心脏停止跳动。

2）触电方式及危害

触电方式一般为人体与带电体接触触电、跨步电压触电和接触电压触电。

触电可引起电击、电伤等伤害。电击是指电流通过人体内部，破坏人体内部组织，影响呼吸系统、心脏及神经系统的正常功能，甚至危及生命；电伤一般非致命的，电伤是指电流的热效应、化学效应、机械效应及电流本身作用造成的人体伤害，电伤会在人体皮肤表面留下明显的伤痕，常见的有灼伤、电烙伤和皮肤金属化等现象；在触电事故中，电击和电伤常会同时发生。

电流的大小、电流频率大小、触电时间长短、电流流经人体途径、与人体自身电阻大小等都是触电伤害程度的影响因素。

3）防触电措施

A. 严格执行保证安全的技术措施和组织措施；

B. 电气设备按期进行预防性试验；

C. 电气设备必须采用保护接地或保护接零；

D. 低压电气设备应采用漏电保护装置。

4）触电急救

必须在脱离电源后采取相应急救措施。

2. 接地装置及其应用

（1）接地：供用电设备、防雷装置等与大地的任一点进行良好连接。试验证明，若发生漏电，在离开接地点20m以外的地方，实际上已没有电阻的存在，故该处的电位已近于零。

（2）接地装置：接地体和接地引线。

（3）接地方式：工作接地、保护接地、保护接零、重复接地。

只要控制接地电阻$R_0 \leqslant 4\Omega$就能把零线对地电压降低到安全范围。

注：保护接地适用于三相三线制中性点不接地系统；保护接零仅适用于三相四线制中性点直接接地系统；重复接地的接地电阻一般不超过10Ω。

3. 保证安全用电的组织措施和技术措施

（1）组织措施

1）两票制度（工作票和操作票）；

2）工作许可制度；

3）工作监护制度；

4）工作间断转移制度；

5）工作终结及送电制度。

注：在未办理工作票终结手续以前，任何人员不准将停电设备合闸送电。

（2）技术措施

在全部停电或部分停电的电气设备上必须做到：

1）停电；

2）验电；

3）装设接地线；

4）悬挂标示牌和装设临时遮栏。

第七节 防雷系统

雷电是大气中的放电现象，多形成在积雨云中，积雨云随着温度和气流的变化会不停地运动，运动中摩擦生电，就形成了带电荷的云层，某些云层带有正电荷，另一些云层带有负电荷。另外，由于静电感应常使云层下面的建筑物、树木等带有异性电荷。

随着电荷的积累，雷云的电压逐渐升高，当带有不同电荷的雷云与大地凸出物相互接近到一定程度时，其间的电场超过$25 \sim 30 \text{kV/cm}$，将发生激烈的放电，同时出现强烈的闪光。由于放电时温度高达2000℃，空气受热急剧膨胀，随之发生爆炸的轰鸣声，这就是闪电与雷鸣。

雷电可分为四种：直击雷、球形雷、雷电感应、雷电侵入波。

雷电具有极大的破坏力，其破坏作用是综合的，包括电性质、热性质和机械性质的破坏。根据雷电产生和危害特点不同，对雷电灾害采取不同的预防方法和技术措施。

（1）外部防雷

外部防雷是用来防直击雷，防护设施装置主要有接闪器、引下线和接地装置组成。其中接闪器是拦截雷电闪击的导体，通常情况下有接闪杆、接闪带、接闪线、接闪网等四种形式，建（构）筑物自身的金属屋面、金属构件等也是天然的接闪装置，可以用来接闪，既便捷又经济。

引下线是用来将雷电流从接闪器传导至接地装置的导体，根据被保护设备类别的不同设置数量不同的引下线，所有类别的建筑物专设的引下线都不得少于 2 根，且沿建筑物四周均匀对称布置，并根据被保护对象类别的不同，引下线间距不同。

接地装置是接地体和接地线的总和，用来传导雷电流并将其流散入大地，即将雷电流泄放入地。接地体和接地线之间是合理组合并连接的，形成布局均匀的接地网，所有连接点都要做到防腐、防锈等处理，确保接地装置的使用年限，从而起到很好的散流作用。

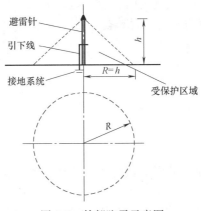

图 3-5　外部防雷示意图

（2）内部防雷

内部防雷主要减小和防止雷电流在需防护的空间内产生的电磁效应，即感应雷防护。防雷装置主要有等电位连接、共用接地装置、屏蔽、合理布线、浪涌保护器等组成。

等电位连接是将金属装置、外来导电物、电力线路、通信线路及其他电缆连接起来以减小雷电流在他们之间产生的电位差的措施，包括总等电位接地、各楼层等电位接地及局部等，通常会用等电位连接导体将其连接在一个网内。

共用接地系统是将防雷系统的接地装置、建筑物金属构件、等电位连接端子板、设备保护接地、屏蔽体接地、防静电接地、功能性接地等连接在一起，从而构成了共用的接地系统。

浪涌保护器是限制雷电流瞬态过电压的保护装置，主要分为电源浪涌保护器和信号浪涌保护器，安装在设备前端，保护用电设备和弱电设备。

1）浪涌保护器如图 3-6、图 3-7 所示。

图 3-6　电源浪涌保护器

 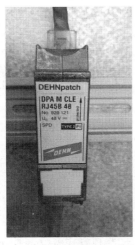 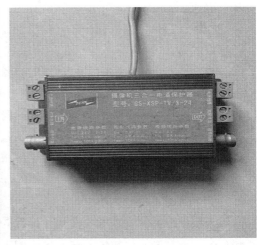

图 3-7　信号浪涌保护器

2）等电位接地实施要求（表 3-2）

等电位接地实施相关要求　　　　　　　　　　　表 3-2

序号	项　目	具 体 内 容
1	接地网	建立全厂的等电位连接系统,电气和电子设备的金属外壳、机柜、机架、金属管、槽、屏蔽线缆外层、信息设备防静电接地、安全保护接地、浪涌保护器接地端等均应以最短的距离与等电位连接网络的接地端子连接
2	接地电阻 $R<$（Ω）	1
3	接地体位置	接地体应离机房所在主建筑物 3～5m 左右设置
4	结构	水平和垂直接地体应埋入地下 0.8m 左右,垂直接地体长 2.5m,每隔 3～5m 设置一个垂直接地体
5	材质	垂直接地体采用 50mm×50mm×5mm 的热镀锌角钢,水平接地体则选 50mm×5mm 的热镀锌扁钢
6	地网焊接	焊接面积应≥6 倍接触点,且焊点做防腐蚀、防锈处理
7	与建筑钢筋焊接	各地网应在地面下 0.6～0.8m 处与多根建筑立柱钢筋焊接,并做防腐蚀、防锈处理

第八节　自动化基础

1. 自动化基本概念

自动化是指运用人造装置代替人对某种工程系统进行控制,使其在无人干预的情况下按照设计者的意愿进行工作。

过去,自动化的功能目标是以机械的动作代替人力操作,自动地完成特定的作业。这实质上是自动化代替人的体力劳动的观点。后来随着电子和信息技术的发展,特别是随着计算机的出现和广泛应用,自动化已扩展为用机器（包括计算机）不仅代替人的体力劳动而且还代替或辅助脑力劳动,以自动地完成特定的作业。

自动化是一门涉及学科较多、应用广泛的综合性科学技术。作为一个系统工程,它由

六个环节组成：

（1）程序：包括上位机程序、下位机程序。

（2）控制器：即 PLC/下位机，用于接收、处理和发送信号指令。

（3）执行机构：一般指的是可动作的设备，如泵、电机、阀门、开关等，也可以是仪表如液位仪、pH 仪、流量仪、变频仪等。

（4）网络：包括工业控制网络、管理层监控网络。

（5）工作站：即上位机，用于工作人员查看运行状态。

（6）服务器：分为通信服务器、数据库服务器，服务器主要发挥数据通信和数据记录的作用。

2. 生产自动化

一般采用由检测仪表、调节器和计算机等组成的过程控制系统，对水泵、加药泵等设备或整个水厂或管网进行最优控制。采用的主要控制方式有反馈控制、前馈控制和最优控制等。某水厂的生产自动化结构如图 3-8 所示。

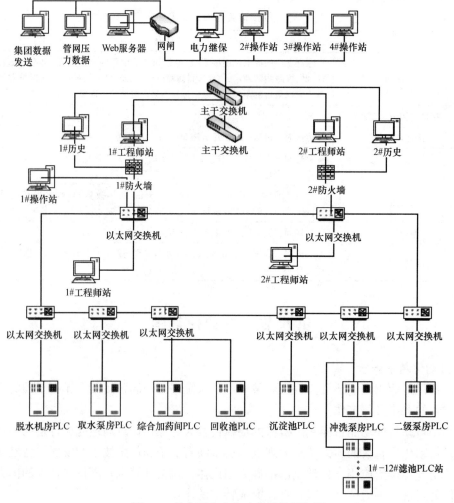

图 3-8　某水厂生产自动化结构框架图

水厂现场采集的数据分为模拟量和数字量，其中模拟量（Analog）主要感测输出值的大小是一个在一定范围内变化的连续数值。比如温度，从 0~100℃，压力从 0~10MPa，液位从 1~5m；电动阀的开度从 0~100％等，这些量都是模拟量，有时也称为类比量。而数字量（Digital）只有两种状态，如开关的导通和断开，接触器的闭合和打开，电磁阀的通和断等。

　　在生产自控系统中，数据输入与输出的概念都是对控制器来说的。

　　1）现场实时感测的温度，湿度，水管压力，风管静压等都称之为模拟输入量。

　　2）风机的运行状态（开，关），故障报警（正常，报警），滤网状态（脏，不脏）等都称之为数字输入量。

　　3）控制器根据现场感测的数值，通过内部程序演算后，控制器输出的给相应执行元件的模拟量命令即为模拟量输出，给相应执行元件的数字量命令即为数字量输出。如控制器给电动阀的动作信号（0~100％），控制器给加湿器（0~100％）的动作信号都模拟输出信号；如控制器给水泵的动作信号（开，关）就属于数字输出信号。

3. 管理信息化

　　管理信息化主要为方便管理和提升管理水平的信息应用系统，包括 OA 系统（自动化办公系统）、设备管理系统、巡检管理系统等。

　　1）OA 系统：是将计算机、通信等现代化技术运用到传统办公方式，进而形成的一种新型办公方式，能最大限度地提高工作效率和质量、改善工作环境。

　　2）设备管理系统：有效地管理设备资源、维护设备的正常运转，从而提高工作效率。

　　3）巡检管理系统：保证巡检巡更工作落实到位，巡检人员按时保质保量的完成工作。

4. 信息安全

　　信息作为一种资源，它的普遍性、共享性、增值性、可处理性和多效用性，使其对于人类具有特别重要的意义。信息安全的实质就是要保护信息系统或信息网络中的信息资源免受各种类型的威胁、干扰和破坏，即保证信息的安全性。根据国际标准化组织的定义，信息安全性的含义主要是指信息的完整性、可用性、保密性和可靠性。

　　保障信息安全其根本目的就是使内部信息不受内部、外部、自然等因素的威胁。为保障信息安全，要求有信息源认证、访问控制，不能有非法软件驻留，不能有未授权的操作等行为。

第四章

给 水 工 程

第一节 概 述

1. 给水系统组成

根据服务对象，给水系统可分为城镇给水、工业企业给水、农业农村给水等系统。

给水系统一般由下列部分组成：

取水构筑物——从水源取水的构筑物，包括一级泵站。

水处理构筑物——对原水进行处理，使其符合水质要求的构筑物，包括二级泵站，通常集中布置在水厂内。

水塔、水池——保证水质、贮存和调节水量的构筑物。

输水管和管网——输水管网将原水送至水厂，将清水送至管网，经管网送往用户。

2. 用水分类

根据使用目的，可分为生活用水、生产用水和消防用水等。

生活用水包括城镇生活用水和农村生活用水。城镇生活用水由居民用水和公共用水（含服务业、机关事业、学校、餐饮业、交通运输业及建筑业等）组成；农村生活用水除居民用水外还包括畜用水。

生产用水是指工业企业生产过程中使用的水。例如钢铁厂的炼钢炉冷却用水；锅炉生产蒸汽用水；纺织厂的洗涤、印染用水；食品工业用水等。生产用水的水量、水质和水压，应视具体条件确定。设计工业企业的给水系统时，应参照以往的设计和同类型企业的运转经验，并通过实地调查，来确定需要的水量、水质和水压。

消防用水是指扑灭火灾所需用的水。一般从给水管网的消火栓上取用。消防用水对水质没有特殊要求。

3. 用水量及其标准

给水系统中的取水、水处理构筑物、泵站、管网等，都按供应水量的大小确定规模。确定设计用水量时，应按供水对象，如居民、大工厂、大用户等，按人数或产品数和用水量标准分别求出用水量，然后加以综合考虑。

在生产用水和生活用水中，水量会经常发生变化。一年中用水量最多一天的用水量叫做最高日用水量。全年最高日用水量与全年平均日用水量的比值叫做日变化系数 k_d，其值约为 $1.1\sim2.0$。在最高日内，最高一小时用水量与该日平均时用水量的比值叫做时变化系数 k_h，该值在 $1.3\sim2.5$ 之间。

城市或居民的最高日生活用水量可按下式确定：

$$Q_1=qN$$

式中　Q_1——最高日生活用水量，$m^3/$日；

　　　q——最高日生活用水量标准，$m^3/(人\cdot d)$；

　　　N——设计年限内计划人口数。

表 4-1

城市居民生活用水量标准

地域分区	日用水量(L/人·d)	适 用 范 围
一	80～135	黑龙江、吉林、辽宁、内蒙古
二	85～140	北京、天津、河北、山东、河南、山西、陕西、宁夏、甘肃
三	120～180	上海、江苏、浙江、福建、江西、湖北、湖南、安徽
四	150～220	广西、广东、海南
五	100～140	重庆、四川、贵州、云南
六	75～150	新疆、西藏、青海

注：1. 表中所列日用水量是满足人们日常生活基本需要的标准值。在核定城市居民用水量时，各地应在标准值区间内直接选定。

2. 城市居民生活用水考核不应以日作为考核周期，日用水量指标应作为月度考核周期计算水量指标的基础值。

3. 指标值中的上限值是根据气温变化和用水高峰月变化参数确定的，一个年度当中对居民用水可分段考核，利用区间值进行调整使用。上限值可作为一个年度当中最高月的指标值。

4. 家庭用水人口的计算，由各地根据本地实际情况自行制定管理规则或办法。

城市管网同时供给工业企业用水时，还应包括工人职工的生活用水和淋浴用水 Q_2 以及生产用水 Q_3。城市本身浇洒道路、绿化用水量 Q_4 亦应计入。除上述用水量外，再加上 $10\%\sim20\%$ 的未预见水量，即得该城市最高日的设计用水量。

$$Q_d=(1.1-1.2)(Q_1+Q_2+Q_3+Q_4)$$

4. 给水系统的任务关系

（1）给水系统的流量关系

1）取水构筑物、一级泵站、水处理构筑物

城市最高日设计用水量确定后，取水构筑物和水厂的设计流量将随一级泵站的工作情况而定，如果一天中一级泵站的工作时间越长，则每小时的流量将越小，一般大城市按一天 24 小时均匀工作来考虑。

取水构筑物、一级泵站和水处理构筑物的设备及其连接管道，以最高日平均时设计用水量加上水厂的自用水量作为设计流量，即：

$$Q_1=\frac{\alpha Q_d}{T}(m^3/d) \tag{4-1}$$

式中　α——考虑水厂本身用水量系数，以供沉淀池排泥、滤池冲洗等用水；其值取决于水处理工艺、构筑物类型及原水水质等因素，一般在 $1.05\sim1.10$ 之间；

· 37 ·

T——每日工作小时数。水处理构筑物不宜间歇工作,一般按 24 小时均匀工作考虑。

2)二级泵站

二级泵站的工作情况与管网中是否设置流量调节构筑物(水塔或高地水池等)有关。当管网中无流量调节构筑物时,任一小时的二级泵站供水量应等于用水量。这种情况下,二级泵站最大供水流量,应等于最高日最高时设计用水量 Q_h;为使二级泵站在任何时候既能保证安全供水,又能在高效率下经济运转,设计二级泵站时,应根据用水量变化曲线选用多台大小搭配的水泵(或采用改变水泵转速的方式调节水泵装置的工况)来适应用水量变化。实际运行时,由管网的压力进行控制。例如,管网压力上升时,表明用水量减少,应适当减开水泵或大泵换成小泵(或降低水泵转速);反之,应增开水泵或小泵换成大泵(或提高水泵转速)。水泵切换(或改变转速)均可自动控制。这种供水方式,完全通过二级泵站的工况调节来适应用水量的变化,使二级泵站供水曲线符合用户用水曲线。目前,大中城市一般不设水塔,均采用此种供水方式。

当管网内设有水塔或高地水池时,二级泵站分级供水。二级泵站的设计供水线应根据用水量变化曲线拟定。拟定时应注意以下几点:①泵站各级供水线尽量接近用水线,以减小水塔的调节容积,但从泵站运转管理的角度来说,分级数又不宜过多,一般不应多于 3~5 级。②分级供水时,应注意每级能否选到合适的水泵,以及水泵机组的合理搭配,并尽可能满足目前和今后一段时间内用水量增长的需要。

管网内设有水塔或高地水池时,由于它们能调节水泵供水和用水之间的流量差,因此二级泵站每小时的供水量可以不等于用水量。

3)输水管和配水管网

输水管和配水管网的计算流量均应按输配水系统在最高日最高时用水工作情况确定,并与管网中有无水塔(或高地水池)及其在管网中的位置有关。

当管网中无水塔时,泵站到管网的输水管和配水管网都应以最高日最高时设计用水量 Q_h 作为设计流量。

管网起端设水塔时(网前水塔),泵站到水塔的输水管直径应按泵站分级工作的最大一级供水流量计算,水塔到管网的输水管和配水管网仍按最高时用水量 Q_h 计算。

管网末端设水塔时(对置水塔或网后水塔),因最高时用水量必须从二级泵站和水塔同时向管网供水,泵站到管网的输水管以泵站分级工作的最大一级供水流量作为设计流量,水塔到管网的输水管流量按照水塔输入管网的流量进行计算。

设有网中水塔时,有两种情况,一种是水塔靠近二级泵站,并且泵站的供水流量大于泵站与水塔之间用户的用水流量,此种情况类似于网前水塔;一种是水塔离泵站较远,以致泵站的供水流量小于泵站与水塔之间用户的用水流量,在泵站与水塔之间将出现供水分界线,情况类似于对置水塔。

4)清水池和水塔

管网内有水塔时,由于水塔能调节水泵供水和用水之间的流量差,因此二级泵站每小时的供水量可以不用等于用水量。供水量高于用水量,多余的水可进入水塔贮存,当供水量低于用水量时,则从水塔流出以补水泵供水量不足。

一级泵站通常均匀供水,而二级泵站一般分级供水,所以一二级泵站的每小时供水量并不相等。为了调节差额，必须在一二级泵站间建造清水池。

清水池的调节容积，由一二级泵站供水量曲线决定，水塔容积由二级泵站供水和用水曲线决定。如果二级泵站每小时供水量等于用水量，管网中可不设水塔。当一级泵站和二级泵站每小时供水量接近时，清水池容积可减小。

（2）给水系统的水压关系

1）一级泵站水泵扬程确定

一级泵站的扬程为：

$$H_p = H_0 + h_s + h_d \qquad (4\text{-}2)$$

式中　H_p——静扬程，m；

h_s——由最高日平均时供水量加水厂自用水量确定的吸水管路水头损失，m；

h_d——由最高日平均时供水量加水厂自用水量确定的压水管和泵站到絮凝池管线中的水头损失，m。

2）二级泵站水泵扬程和水塔高度的确定

二级泵站水泵扬程和水塔的高度与管网中是否设置水塔及水塔在管网中的位置有关。

A）无水塔管网

无水塔的管网（图 4-1）由泵站直接输水到用户时，静扬程等于清水池最低水位与管网控制点所需水压标高的高程差。所谓的控制点是指整个给水系统中水压最不容易满足的地点（又称最不利点），用以控制整个供水系统的水压，只要该点的压力在最高用水量时可以达到最小服务水头的要求，整个管网就不会存在低水压区。该点对供水系统起点（泵站或水塔）的供水压力要求最高，这一特征是判断某点是不是控制点的基本准则。正确地分析确定系统的控制点非常重要，它是正确进行给水系统水压分析的关键。一般情况下，控制点通常在系统的下列地点：地形最高点、距离供水起点最远点、要求自由水压最高点。

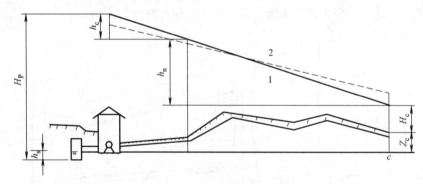

图 4-1　无水塔管网的水压线
1—最小用水时；2—最高用水时

当然，若系统中某一地点能同时满足上述条件，这一地点一定是控制点，但实际工程中，往往不是这样，多数情况下只具备其中的一个或两个条件，这时需选出几个可能的地点通过分析比较才能确定。另外，选择控制点时，应排除个别对水压要求很高的特殊用户（如高层建筑、工厂等），这些用户对水压的要求应自行加压解决，对于同一管网系统，各种工况（最高时、消防时、最不利管段损坏时、最大转输时等）的控制点往往不是同一地点，需根据具体情况正确选定。

水头损失包括吸水管、压水管、输水管和管网等水头损失之和。故无水塔时二级泵站扬程为：

$$H_p = Z_c + H_c + h_s + h_c + h_n \tag{4-3}$$

式中 Z_c ——管网控制点 c 的地面标高和清水池最低水位的高程差，m；

H_c ——控制点所需的最小服务水头，m；

h_s ——吸水管中的水头损失，m；

h_c，h_n ——输水管和管网中水头损失，m。

h_s，h_c 和 h_n 都应按水泵最高时供水量计算。

B）网前（前置）水塔管网

对于网前（前置）水塔，当泵站供水量大于管网中用户用水量时，多余的水量通过输水管送至水塔中贮存，而在最高用水时，由泵站和水塔联合向管网中用户供水以满足水量的需求。网前（前置）水塔的水压线见图 4-2，由图中的水压关系，最高用水时的水压平衡关系为：

$$Z_t + H_t = Z_c + H_c + h_n \tag{4-4}$$

式中 Z_t ——设置水塔处的地形标高，m；

H_t ——水塔高度，m；

Z_c ——控制点处的地形标高，m；

H_c ——控制点要求的自由水压，m；

h_n ——按最高时用水量计算的从水塔至控制点之间管路的水头损失，m。

故水塔高度计算公式为：

$$H_t = H_c + h_n - (Z_t - Z_c) \tag{4-5}$$

从式 4-5 可以看出，建造水塔处的地面标高 Z_t 越高，则水塔高度 H_t 越低，造价越低，当 $H_t = 0$ 时，即变为高地水池，这就是水塔建在高地的原因。

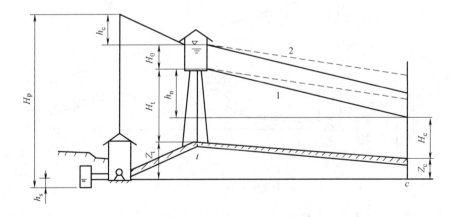

图 4-2 网前水塔管网的水压线

1—最高用水时；2—最小用水时

C）网后（对置）水塔管网

由于城市地形和保证供水区水压的需要，水塔可能布置在管网末端的高地上，这样就形成对置水塔的给水系统。如图 4-3 所示。

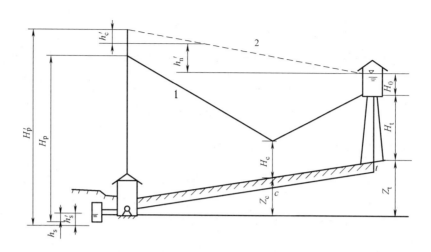

图 4-3 对置水塔管网的水压线

1—最高用水时；2—最大转输时

在最高用水量时，管网用水由泵站和水塔同时供给，两者各有自己的给水区，在给水区分界线上，水压最低。水泵扬程可按无水塔管网的计算公式进行计算，水塔高度的计算公式可按网前水塔的计算公式计算。

在一天内有若干小时因二级泵站供水量大于用水量，多余的水通过管网转输入水塔贮存，一般取最大一小时的转输流量作为管网设计校核的依据。

最大转输时水泵扬程的计算公式为：

$$H'_p = Z_t + H_t + H_0 + h'_s + h'_c + h'_n \tag{4-6}$$

式中　　　H'_p——最大转输时水泵扬程，m；

h'_s，h'_c，h'_n——最大转输时吸水管、输水管和管网中水头损失，m。

h'_s，h'_c 和 h'_n 都应按最大转输流量计算。

这时需校核根据最高用水量确定的水泵扬程 H_p 能否满足最大转输时水泵扬程 H'_p。

D）消防时的水压关系

二级泵站的扬程除了满足最高用水的水压外，还应满足消防流量时的水压要求。消防时管网通过的总流量按最高时设计用水量加消防流量（$Q_h + Q_x$），管网的自由水压值应保证不低于 $10 m H_2 O$ 进行核算，以确定按最高用水时确定的管径和水泵扬程是否能适应这一工作情况的需要。根据两种扬程的差别大小，有时需在泵站内设置专用的消防泵，或放大管网中个别管段的管径以减少水头损失而不用设专用消防泵。

第二节　给水处理

1. 给水工艺流程

由于水源水质各异，给水处理的工艺流程有多种多样。以地表水作为水源时，常规处理工艺流程通常包括混合、絮凝、沉淀或澄清、过滤和消毒。当水源水质较差时采用深度处理工艺流程，通常是在常规处理后加臭氧、生物活性炭处理，以及膜处理等。

（1）地表水常规处理一般工艺流程如图 4-4 所示。

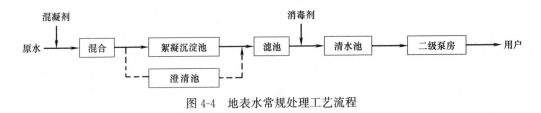

图 4-4　地表水常规处理工艺流程

（2）地表水深度处理工艺流程如图 4-5 所示。

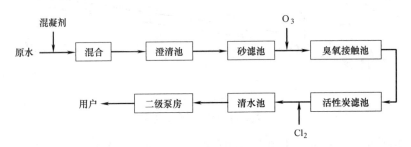

图 4-5　常规＋深度处理工艺

2. 混凝

混凝处理的对象，主要是水中悬浮物和胶体杂质，它是水处理工艺中十分重要的一个环节。投药是混凝工艺的必要前提，这种在水中加药，使细小颗粒结成大颗粒的过程叫混凝。混凝分"凝聚"和"絮凝"两个阶段。凝聚是使水中细小颗粒即胶体失去稳定性的过程。絮凝俗称"反应"，是水中细小颗粒在外力扰动下相互碰撞、聚结，形成较大絮状颗粒的过程。混凝过程中产生的较大颗粒叫絮凝体俗称"矾花"。

（1）混凝剂和助凝剂

为了促使胶体颗粒相互凝聚而加入的化学药剂称混凝剂。常用混凝剂有无机盐类和高分子凝聚剂两大类。

1）无机盐类混凝剂

无机盐类混凝剂中应用最广泛的是铝盐和铁盐，硫酸铝、明矾及铝酸钠等属铝盐，三氯化铁、硫酸亚铁、硫酸铁等属铁盐。其中以硫酸铝、硫酸亚铁、三氯化铁应用最广。

A）硫酸铝：精制硫酸铝呈白色、块状，质地纯净，杂质少，含无水硫酸铝约 50％～52％，含有效氧化铝 15％～17％；粗制硫酸铝呈灰色块状或粉末状，含高岭土等不溶解杂质达 20％～30％左右，一般含无水硫酸铝 20％～30％。在溶解、溶液配制工艺操作过程中必须重视沉淀在设备中的不溶性杂质的排除，以保证设备的正常运行。

普遍使用的明矾是硫酸铝和硫酸钾的复合盐，硫酸钾不起混凝作用，故明矾作混凝剂时用量较多。

用硫酸铝降低原水浊度时，为取得较好的混凝效果，水的 pH 值最好控制在 6.5～7.5 之间；但如果原水主要是色度较高时，加硫酸铝时，水的 pH 值最好控制在 4～6 之间，过滤后再调整 pH 值至中性。

B）三氯化铁：三氯化铁是呈金属光泽的深棕色粉状或颗粒状固体，易溶于水，杂质较少。三氯化铁加入水中，离解成三价铁离子和氯离子，三价铁离子水解成氢氧化铁，氢氧化铁胶体同氢氧化铝胶体一样，在混凝过程中起着重要的接触介质作用。

三氯化铁作混凝剂时，受水的温度影响较小，结成的矾花大、重、韧，不易破碎，因而净水效果较好，特别是在处理浊度较高或水温较低原水时，效果优于硫酸铝。

三氯化铁的缺点是有较强的腐蚀性，特别对混凝土和金属管道。

C）硫酸亚铁：硫酸亚铁是半透明的绿色结晶状颗粒，俗称绿矾，是用废硫酸和废铁屑加工制成。使用时受水温影响较小，容易形成重而易沉的矾花颗粒。较适用于高浊度、碱度高的原水。

由于硫酸亚铁在水中的溶解度很大，使出水含铁量高，影响使用，因此硫酸亚铁应用时要同时投加适量的氯气，称为"亚铁氯化法"，使二价铁变成溶解度很低的三价铁。水解成难溶于水的氢氧化铁胶体，在水中起架桥作用形成矾花。

亚铁氯化法使用时，必须把氯气和亚铁同时投入水中，不能先在原水中投加亚铁后再加氯，否则会明显增加净化后出水的含铁量和色度（最好把氯气和亚铁投加在同一加药管道内，使亚铁充分氧化后再进入原水）。

2）高分子凝聚剂

A）无机高分子凝聚剂：目前使用的无机高分子凝聚剂有聚合氯化铝和聚合氯化铁。聚合氯化铝以铝灰或含铝矿物为原料，聚合氯化铁以硫酸亚铁为原料。这两种高分子凝聚剂的混凝原理与铝盐和铁盐没有多大区别，是根据它们的混凝特点，在人工控制条件下预先制成水解聚合物投加到水中，使之较好地发挥混凝作用。目前聚合氯化铝使用较多，它对各种水质适应性较强，适用 pH 值范围较广，矾花形成快，且颗粒大而重，因此用量较少。

B）有机高分子凝聚剂：有机高分子凝聚剂有天然和人工合成的。目前人工合成的已占主导地位。我国目前使用较多是聚丙烯酰胺。这类凝聚剂有巨大的线性分子，有较强的吸附架桥作用。有机高分子凝聚剂虽然效果好，但制造过程复杂，价格昂贵。此外，关于有机高分子的毒性问题值得关注，以聚丙烯酰胺为例，其单体丙烯酰胺有一定毒性，聚合物中存在少量单体丙烯酰胺是避免不了的，所以有机高分子凝聚剂使用尚不普遍。我国黄河流域地区使用较多，主要用于处理高浊度原水，效果显著。

3）助凝剂

当单独使用混凝剂不能取得良好效果时，需投加某些辅助药剂，以提高混凝效果，这种辅助药剂称作助凝剂。我国目前广泛使用的助凝剂有石灰、活化硅酸（水玻璃）、骨胶、聚丙烯酰胺、高锰酸钾、氯气、碳酸氢钠等。

（2）混凝工艺要求和设备

影响混凝效果的因素很多，以水力条件、pH 值、碱度、水温和混凝剂投加量最为主要。

水厂常用混凝剂投加方式有：重力投加法、水射器投加法以及计量泵投加法。目前新建水厂一般都使用计量泵投加法。

混合设备有水泵混合、管式混合、机械混合。目前国内水厂较多应用的混合方式主要是管式静态混合器（图 4-6）和机械混合（图 4-7）。

絮凝反应分水力搅拌和机械搅拌两类，主要池型有隔板絮凝池、折板絮凝反应池、波形板絮凝池、网格絮凝池、微涡流絮凝池、水平轴式机械絮凝池和垂直轴式机械絮凝池等。

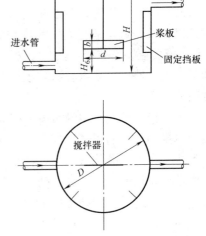

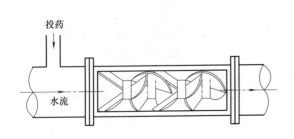

图 4-6　管式静态混合器　　　　　图 4-7　机械混合池

3. 沉淀与澄清

沉淀池与澄清池的主要作用是让水中的悬浮杂质从水中分离沉淀下来，并排除这些沉淀物。沉淀池和澄清池在整个净水系统中能够去除 80%～90% 的悬浮固体。

沉淀池有多种形式：按水流方向可分为竖流式、平流式和辐流式。竖流沉淀池是水流向上，颗粒向下完成沉淀过程的构筑物，由于表面负荷小，处理效果差，基本上已不采用；辐流式沉淀池水流从中心流向周边，流速逐渐减小的圆形水池，主要被用作高浊度水的预沉。目前，我国水厂常用的沉淀池为平流沉淀池和斜管（板）沉淀池。

（1）平流沉淀池

平流沉淀池是应用较早的一种沉淀池形式，它是依靠水在水平流动过程中使悬浮杂质逐渐下沉从而达到沉淀目的的构筑物。平流沉淀池既可用于自然沉淀也可用于混凝沉淀。自然沉淀就是原水中不投加混凝剂的沉淀，一般用作预沉处理；而混凝沉淀是原水加药混凝形成矾花后的沉淀。平流沉淀池虽然占地面积较大，但是它的优点是构造简单、造价较低、处理效果稳定、操作管理方便、耗药量少且对流量和浊度的变化具有较大的适应和耐冲击能力。

图 4-8 为一般平流沉淀池的布置形式。沉淀池与絮凝池直接相连，进水采用穿孔墙配水，出水采用指形集水槽集水，排泥采用机械虹吸排泥。沉淀池可分为进水区、沉淀区、出水区和池底的存泥区四个部分。

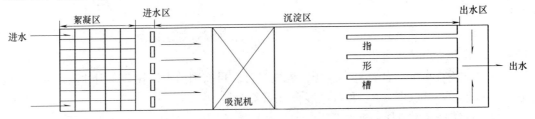

图 4-8　平流沉淀池构造示意图

进水区的作用是使水流均匀地分布在整个进水断面上，并尽量减少扰动，为防止絮凝体破碎，穿孔墙孔口流速不宜大于 0.08～0.1m/s；为保证穿孔墙的强度，洞口总面积也不宜过大。洞口的断面形状宜沿水流方向逐渐扩大，以减少进口的射流。洞口要布置在池底部存泥区高度 30～50cm 之上。

沉淀区是沉淀池主体，水在池内缓慢流动使矾花逐渐下沉。沉淀区高度与其前后有关净水构筑物的高程布置有关，一般为 3～4m。采用导流墙，对平流式沉淀池进行纵向等均分格可减小水力半径，改善水流条件。

沉淀后的水应尽量在出水区均匀流出，一般采用指形槽出水。指形槽有锯齿堰、薄壁堰和孔口出流三种形式。指形槽的负荷不能过大，否则会将矾花带出池外，指形槽出水口要标高一致，流量一致才能使出水均匀和稳定。

存泥区位于沉淀区底部。平流沉淀池排泥有人工排泥、斗式排泥、穿孔管排泥，但现在一般都采用机械排泥。机械排泥的形式主要有虹吸式吸泥机、泵式吸泥机、往复式刮泥机和近年来新出现的单轨式刮泥机。

（2）斜管（板）沉淀池

斜管（板）沉淀池是在沉淀池中装置许多间隔较小的平等倾斜管或倾斜板，具有沉淀效率高、在同样出水条件下池子容积小、占地面积少的优点。斜管（板）沉淀池（图 4-9）按水流方向的不同可分为：上向流斜管沉淀池、侧向流斜板沉淀池、同向流斜板沉淀池、带翼斜板沉淀池和波形斜板沉淀池。目前，水厂常用的是上向流斜管沉淀池和侧向流斜板沉淀池。

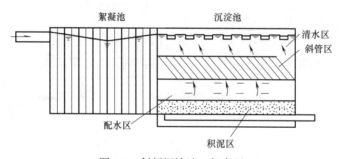

图 4-9 斜板沉淀池一般布置

（3）澄清池

澄清池的主要特点是在一个构筑物内同时完成混合、絮凝、沉淀过程，使已经形成的矾花循环利用或处在悬浮状态继续发挥作用，以提高沉淀效率。澄清池一般分为泥渣循环型和泥渣过滤型两种。

目前水厂使用较多的是水力循环澄清池（图 4-10）与机械搅拌澄清池（图 4-11）。

（4）高密度沉淀池

高密度沉淀池是 20 世纪 90 年代法国得利满公司开发的一种新型高效沉淀池。它由混合区、絮凝反应区、分离沉淀区、浓缩排泥区及分离出水区 5 个功能区组成。具体布置如图 4-12 所示。原水进入絮凝区，与沉淀池浓缩区的部分沉淀泥渣混合，在絮凝区中加入絮凝剂，完成絮凝反应，反应采用螺旋桨搅拌器，经搅拌反应后的水以推流方式进入沉淀区。在沉淀区中泥渣下沉，澄清水进一步经斜管分离由集水槽收集出水。沉降的泥渣在沉淀池下部浓缩，浓缩泥渣的上层由螺杆泵回流，与原水混合。底部多余泥渣由螺杆泵排出。

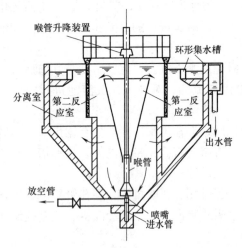

图 4-10　水力循环澄清池示意图

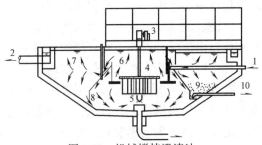

图 4-11　机械搅拌澄清池

1—进水管；2—出水管；3—搅拌机；4—第一反应室；

5—第二反应室；6—导流室；7—分离室；

8—泥渣回流缝；9—泥渣浓缩室；10—小排泥管

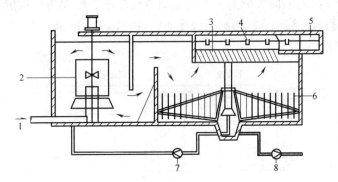

图 4-12　高密度沉淀池示意图

1—原水进水；2—絮凝反应区；3—斜管；4—集水槽；5—沉淀出水；

6—带栅条刮泥机；7—泥渣回流；8—泥渣排放

（5）加药、混凝、沉淀设备的运行管理

混凝剂加注系统、混凝、沉淀设备是一个有机整体，其净水效果是互相关联。操作人员要根据进水水质和水量来调节控制混凝剂的加注量。根据出厂水浊度要求和后道工序来确定沉淀池的出水浊度。

操作人员应熟悉设备、管道系统、阀门系统布置情况。严格按照操作规程，注意各组沉淀池进出水阀门的合理调节。当使用两种以上药剂时，必须注意加注顺序，投加顺序一般通过搅拌试验来确定，如采用硫酸亚铁和氯气时，亚铁和氯气必须同时加注。

加强巡回检查和测定分析。原水水质变化较小时可每两小时检测一次，当水质波动大时则一小时检测一次，甚至半小时一次。

及时观察絮凝池和沉淀池的运行效果。絮凝池末端的絮体状况是衡量药剂加注量是否合适的重要指标，混凝效果良好时，絮体应是大而均匀且重，粒径在 0.5～0.6mm 之间，水与絮体界面清楚，水体透明，絮体（俗称"矾花"）在水流的作用下好似徐徐飘动的云朵。如絮体末端矾花颗粒细小，水体浑浊不清，出水浊度偏高，则说明混凝效果不佳，要及时分析原因，针对不同采取相应措施，如调整投加工艺或投加量。

4. 过滤

（1）基本概念

沉淀后的水，通过一层或几层粒状滤料使水中残余的细菌和悬浮杂质进一步被截留分离出来的方法叫过滤。过滤是地表水常规处理中最重要的环节。原水经过混凝沉淀后必须经过过滤和消毒，水质才能达到国家规定的生活饮用水卫生标准。因此过滤具有对水质把关作用，是净水工艺的关键工序，过滤的效果直接影响出厂水水质。

（2）分类

滤池的分类见表 4-2。

表 4-2

滤池分类

分类方式	类　型
按滤速大小	快滤池（大于 5m/h）
	慢滤池（0.1～0.2m/h）
按滤料和滤料组合	单层滤料滤池
	双层滤料滤池
	三层滤料滤池
按控制方式	普通快滤池（含单阀、双阀、四阀、鸭舌阀等）
	无阀滤池
	虹吸滤池
	移动罩滤池
	V 形滤池
	翻板滤池
按冲洗方式	单纯水冲洗（含小阻力、中阻力、大阻力）滤池
	气水反冲洗滤池
	水冲洗与表面冲洗滤池

目前自来水厂常用的滤池是 V 形滤池、普通快滤池、虹吸滤池和无阀滤池。

（3）滤料

滤池中作过滤的材料叫做滤料。滤料是滤池最基本的组成部分，滤料的粒径与级配、滤层的厚度直接影响出水水质、冲洗周期和冲洗水量。

对滤料的基本要求应是滤料粒径级配适当，有足够的机械强度和较高的化学稳定性。

（4）冲洗

滤池冲洗目的是清除滤料层中所截留的污物，使滤池恢复工作能力。滤池反冲洗是滤池可持续运行不可缺少的环节，冲洗质量的好坏，直接影响滤后水质、冲洗周期和使用寿命。快滤池冲洗有高速水流反冲洗、气水反冲洗、表面辅助加高速水流反冲洗等冲洗方法。

（5）供气和供水系统

供气方式一般有两种，一种采用鼓风机直接向滤池供气，另一种用空压机通过中间储气罐向滤池供气。由于鼓风机供气效率高，设备简单，操作方便，目前使用较多。但空压机和储气罐的组合供气可以在冲洗时实现不停机的连续冲洗，因此在中小水厂中也有采用。鼓风机或储气罐输出的流量，应取单格滤池冲洗气量的 $1.05\sim1.1$ 倍。

鼓风机宜选用离心式鼓风机，空压机宜选用无油润滑空压机。风机房应尽量靠近滤池，能方便操作和管理的位置，并考虑必要的减噪减振措施。

（6）滤池的管理

为保证滤池正常运行，水厂应根据滤池条件制订水质指标加以控制滤后水质。制订滤池操作规程、交接班制度、巡回检查制度等。

确定正常的运行参数，控制滤池运行质量。滤池的运行参数主要有：滤后水浊度、滤速、反冲洗强度、初滤水浊度、滤料层厚度、运行周期、滤池水头损失等。定期检测滤池膨胀率、滤砂的含泥率等指标。

5. 消毒

消毒的目的是去除水中的致病微生物，确保生活饮用水安全。水中细菌大多黏附在悬浮颗粒上，水经过混凝、沉淀和过滤等工艺，可以去除大多数细菌和病毒，但消毒仍是必不可少关键环节。消毒并非把水中微生物全部消灭，只是要消除致病微生物的致病作用。我国生活饮用水水质标准规定：菌落总数不超过 $100CFU/mL$；总大肠菌群、耐热大肠菌群、大肠埃希氏菌不得检出；消毒后的出厂水还要求贾弟鞭毛虫小于 1 个/10L；隐孢子虫小于 1 个/10L。

消毒的方法包括氯及氯化物消毒、臭氧消毒、紫外线消毒等。目前生产上应用最广泛的消毒方式是氯及氯化物消毒法，包括液氯、氯胺、二氧化氯、次氯酸钠等。

6. 预处理和深度处理

对于不受污染的天然地表水源而言，常规处理工艺混凝、沉淀、过滤、消毒是十分有效的，但对于污染水源而言，水中溶解性的有毒有害物质（主要是有机物）是常规处理方法难以解决的，需在常规处理基础上增加预处理和深度处理。

预处理方法主要有：粉末活性炭吸附法、臭氧或高锰酸钾氧化法、生物氧化法等。以上各种预处理法除了去除水中有机污染物外，同时也具有除味、除臭及除色作用。

生物预处理工艺在原水中进行人工充氧，强化好氧微生物繁殖条件，形成生物膜。主要利用生物填料上的微生物群体的新陈代谢活动，对水中氨氮等含量较高的有机污染物进行氧化分解，同时也对水中 COD_{Mn}、色度、臭味、藻类、铁、锰等部分去除。原水中有机污染物通常是含有由碳、氢和氧组成的含碳有机物，以及由有机氮、氨氮等组成的含氮有机物。

深度处理主要有：粒状活性炭吸附法、臭氧-粒状活性炭联用法或生物活性炭法、高级化学氧化法、光化学氧化法及超声波-紫外线联用法、膜滤法等。

利用臭氧氧化、颗粒活性炭吸附和生物降解所组成的净水工艺称臭氧－生物活性炭处理，也称生物活性炭法（BAC）。活性炭孔隙丰富，在炭的内部存在着大量微小孔隙，构成了巨大的孔表面积，对水中非极性、弱极性有机物质有很好的吸附能力，但存在两个问题：一是对大分子有机物吸附能力有限，二是吸附周期较短。而臭氧是一种强氧化剂，它不仅能破坏细菌和病毒的结构，是很好的杀菌剂，而且能将大分子有机物分解成小分子有机物，臭氧本身还能产生大量溶解氧。如果将臭氧和活性炭联合处理，先投加臭氧后经过活性炭吸附，在活性炭周围形成生物膜，使臭氧分解产生的许多中间氧化物得到去除，还可以大大增加活性炭的使用周期，取得完善的处理效果。

以上预处理和深度处理的基本作用，就是吸附、氧化、生物降解、膜滤 4 种作用，不同方法组合往往会取得协同效果，因此根据实际水质情况，会采用两种以上的处理方式。

第三节　供水管网

1. 概述

城市供水管道是输送水的手段，作为城市供水调度员了解管网的基本知识及管网运行状态，管网的技术管理，对科学、经济地调度各水厂、泵站的输送水有重要的意义。

供水管道相当于一个城市的血管，需要满足下列要求：

（1）遍布整个给水区，保证用户有足够的水量和水压；

（2）必须安全可靠，当局部管网发生事故时，保证不中断供水或短时间停水，同时要保证用水水质；

（3）力求沿最短距离铺设，降低管网造价和经营管理费用；

（4）按照城市规划，考虑给水系统分期建设可能，留有充分的发展余地。

管网的布置有树状网和环状网两种形式。

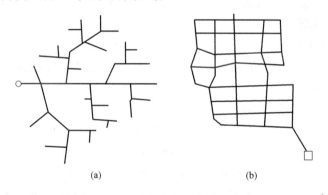

(a)　　　　　　　　　(b)

图 4-13　城市给水管网的布置形式
(a) 树状网；(b) 环状网

树状管网就是管网的布置像树枝一样。这样形成的管网优点是管道长度短，构造简单，投资省。其缺点是供水安全性能差，一旦发生故障，其下游部分要断水，同时管道末端往往流速低，可能产生死水，影响水质。

环状管网就是管网的管都连接起来，形成许多闭合的环路，选择每条管道均可由两个方向来水，因此供水安全可靠，断水范围较小，影响用户少，同时有利于保证水质，但是管道长度较长，投资较大。一般城镇供水管网，往往采用二者结合的方式；重要的供水区域和中心区，采用环状管网；边远地区采用树枝状管网，待该地区发展后再将管道建成环状管网。

供水管道按功能可分为输水干管、配水管、支管和用户管。输水干管是指水厂出水泵站至管网间的主干管，一般不能间断供水，因此应铺设两条以上，两条干管在平行铺设时，应保持较大距离，并在适当地点增铺联通管道，以保证其中一条发生故障时整个管网供水能力不小于 70%。配水管是将干管出的水分配到各用水区域的管道，一般多为环状布置，用户用水是从配水管上接出的。支管是指小口径的配水管可以供多个用户如街坊、楼群内的管，如果只供某一用户的管则称为用户管。

2. 管网水质及水压要求

根据现行国家标准《城市给水工程规划规范》GB 50282，城市统一供给的或自备水源供给的生活饮用水水质应符合现行国家标准《生活饮用水卫生标准》GB 5749 的规定。其中最主要的控制水质指标有 4 项：浊度、余氯、菌落总数和总大肠菌群。

城市配水管末端的供水压力一般不低于 0.14MPa，配水管网水压宜满足服务水头 28m 的要求。按国家规定每 10km 不应少于一个压力考核点。作为城市供水调度人员，主要是控制管网主要压力控制点高于国家标准的基础进行合理调整。各水厂出水压力尽量保证管网用户不出现断水现象，同时又保证管网的压力尽量趋于均衡、合理。

3. 管网水力计算

树状网和环状网内各段的管径是根据流量 Q 和流速 v 来决定的，由于在流量 Q 一定的条件下，不同的流速有不同的管径，如果选择较大，所需要的管径就较小，管路造价可以降低，但因流速较大而造成的水头损失，使水塔高度增加或水泵扬程增大，意味着抽水功率的增加，运行成本增加。反之，采用较大管径使流速减小，运行费用减少，但管材成本上升。目前工程上是对每一种管径定出一定的流速，使得给水的总成本最小，这种流速称为经济流速。经济流速的范围为 0.5～2.5m/s。一般来说，管径越大，经济流速越大；管径越小，经济流速越小。

4. 管道附属设备设施

为了保证管网的正常运行，以及维护管理和消防的需要，管网上必须设置各种需要的附件，如阀门、消火栓、流量计、水表、排气阀、压力表及排气口、排水阀、测流孔等。

阀门是控制水流流量、流向和压力的重要设备，其设置位置以利于调度和管道维修为主要原则。具体布置是干管上通常 1000m 左右设一个阀门。配水管与干管、支管与配水管连接处，在配水管和支管上设置。环状管网节点和重要用户支管附近要适当增设。在节点附近的阀门一般应设在节点上游位置，以尽可能减少停水范围。

作为供水调度员，熟悉城市区域管网的阀门布置是很重要的，同时也要求调度员熟悉 DN400mm 以上主要阀门的开停状态以及开度，遇到某一地区缺压缺水，能够按阀门的分布合理调整，对某一地区突然出现爆管或爆漏现象做出及时准确的关阀安排，尽快又尽可能减少停水范围。

（1）阀门井

管道上的阀门、水表、测压测流设备都需要砌筑阀门井，大都采用砖砌井，在有地下水的地区，可以用混凝土浇筑。井盖大都采用铁质和 PE 井盖，铁质井盖有轻型和重型两种，分别用于便道、庭院或马路，绿化带里一般多使用 PE 井盖。

（2）套管

当管道横跨穿越公路、铁路、河流及一些地面上的建筑物而又由于种种原因不能挖沟时，则需用套管置于其中通过，多为混凝土制品，也有使用钢制套管的。

（3）支墩

在管网中三通、弯头等部分管件，由于管内承受水压，从而在这些管件处产生了各种不同的推力，不能仅靠接口的黏结力来抵抗，因此要设置支墩来克服管内水压在该处产生的推力避免接口松脱，确保管道正常供水。

第四节 二 次 供 水

随着城市供水事业的快速发展，几乎所有城市都不同程度地采用了不同形式的二次供水。二次供水，即民用与工业建筑生活饮用水对水压、水量的要求超过城镇公共供水或自建设施供水管网能力时，通过储存、加压等设施经管道供给用户或自用的供水方式。

1. 二供系统类型及特点

根据储存、加压及控制方式的不同，二次供水常见的可分为水泵-水箱联合供水、变频调速供水和管网叠压供水等几种基本类型。

（1）水泵-水箱联合供水

水泵-水箱联合供水是由低位水池（箱）、水泵、管路、高位水箱（池）、液位传感器、电控系统、阀门、仪表灯配套附件组成的给水增压系统。

优点：水箱有足够容积，供水有保证；水泵始终在高效区运行，节能；重力供水，自动补水，压力稳定，可靠性高。

缺点：屋顶水箱容积较大，增加楼房结构荷载，影响建筑物美观；与早期水箱（水塔）供水方式相比日常运行费用相对较高；管理不到位易导致水箱储水二次污染严重；顶部楼层用户水压偏低，需另设管道泵局部增压。

（2）变频调速供水

1）微机控制变频调速供水

微机控制变频调速供水系统中的给水增压设施以单片机、可编程控制器等微型计算机为主控单元进行自动控制，由水泵从水池、水箱、水井等调节装置中取水，通过变频器改变供电频率控制水泵电机转速，使水泵转速和流量可调节。设备主要由水泵、控制柜（含变频器）、压力检测仪表、管路、阀门组成。

优点：在于供水压力恒定，能满足用水点水压要求；设备体积较小且占地较少。

缺点：是因无任何储水能力而造成电停水断；一天中水泵大多数时段变频运行，不在高效区、不节能或节能有限。

2）数字集成全变频控制供水

在数字集成全变频控制供水设备中，每台水泵均独立配置一台数字集成变频器或数字集成变频控制器，各变频器或变频控制器通过集中控制柜或总线技术实现相互通信、联动控制、协调工作，并可通过显示屏进行人机对话实现泵组运行参数的设定与调整，使泵组实现智能化全变频控制运行。设备主要由不锈钢水泵、数字集成水泵专用变频控制器、气压罐、压力传感器、液晶显示屏、阀门、管路、底座等组成。系统由水箱（池）吸水向用水点全变频增压供水。具有安全可靠、智能化程度高、扩展功能强、自身能耗小、操作便捷等特点。

（3）管网叠压供水

管网叠压供水是利用城镇供水管网压力直接增压或变频增压的二次供水方式，主要分为罐式管网叠压供水和箱式管网叠压供水。

优点：可充分利用市政供水管网的水压，减小水泵扬程，节省投资；省去储水池、吸水井等构筑物，节省投资，节约用地，简化系统；可防止水在储水池等构筑物中的二次污染和可能的溢流水损失，便于水泵自动控制，安装简便，方便管理维护。

缺点：有可能因回流而污染市政供水管网；在供水可靠性方面也有不足，如供水系统处在高峰时段，有可能出现上游来水量小于供水量，而供水设备本身不具备调节能力，且设备又设置了防负压措施，一旦这种情况发生就必然停机断水，从而影响用户的正常用水；如果设备在使用过程中防负压装置失灵，就有可能导致室外管网水压局部下降，从而影响临近用户的正常供水。

2. 管道布设

（1）小区室外管道及建筑室内给水管道

小区和室内二次供水管道的布置应符合现行国家标准《建筑给水排水设计标准》GB 50015的规定。当使用二次供水的居住小区规模在7000人以上时，小区二次供水管网宜布置成环状，与小区二次供水管网连接的加压泵出水管不宜少于两条，环状管网应设置阀门分段。二次供水的室内生活给水管道宜布置成枝状管网，单向供水。二次供水泵房引入管宜从居住小区给水管网或条件许可的城镇供水管网单独引入，叠压供水设备应预留消毒设施接口。

（2）生活水池、屋顶水箱给水管道的布设

水池（或水箱、水塔）进水管宜采用耐腐蚀金属管材或内外涂塑焊接钢管、复合钢管及管件；水池（或水箱、水塔）的出水管及泄水管宜采用内外壁涂塑钢管、复合管或球墨铸铁管（一般用于水塔）。当采用塑料进水管时，其安装杠杆式进水浮球阀端部的管段应采用耐腐蚀金属管及管件过渡，浮球阀等进水设备的重量不得作用在管道上。

水池的进水管和利用外网压力直接进水的水箱进水管上装设与进水管径相同的液位自动控制阀［包括杠杆式浮球阀（一般适用于不大于50mm）］或液压水位控制阀。当采用水泵加压进水时，水箱进水管不得设置自动液位控制阀，应设置由水箱液位自动控制水泵启、停装置；当一组水泵供给多个水箱进水时，应在水箱进水管上装设电动控制阀，由水位监测装置自动控制。

3. 二供设备设施

（1）水池（箱）

水池（箱）独立设置，结构合理、内壁光洁、内拉筋无毛刺、不渗漏；用不锈钢材料时，焊接材料应与水箱材质相匹配，焊缝应进行抗氧化处理，同时应设置在维护方便、通风良好、不结冰的房间内，室外设置的水池（箱）及管道应采取防冻、隔热措施。水池高度一般不超过3.5m，水箱高度不超过3m。当水池（箱）容积大于50m^{3}时，应分隔成容积基本相等的两格，并独立工作。

（2）压力水容器

压力水容器应符合现行国家标准《钢制压力容器》GB 150及有关标准的规定；一般选用不锈钢材料，焊接材料应与压力水容器材质相匹配，焊缝应进行抗氧化处理。

（3）水泵

水泵选用应符合相关规定：选用低噪声、节能、维修方便的水泵；当采用变频调速控制时，水泵额定转速时的工作点应位于水泵高效区的末端；用水量变化较大的用户，采用多台水泵组合供水；应设置备用水泵，备用泵的供水能力不应小于最大一台运行水泵的供水能力等。

电机额定功率在11kW以下的水泵，采用成套水泵机组。每台水泵的出水管上应装设压力表、止回阀和阀门，必要时设置水锤消除装置；水泵应采用自灌式吸水，当因条件所限不能自灌吸水时应采取可靠的引水措施。水泵机组应采取降噪减振措施。

（4）管道与附属设施

管道及附件：应采用耐腐蚀、寿命长、水头损失小、安装方便、便于维护、卫生环保的材质，符合相应的压力等级。根据当地气候条件，二次供水管道应采取隔热或防冻措施，室外明设的非金属管道应防止曝晒和紫外线的侵害。二次供水管道应有标识，标识宜为蓝色，严禁与非饮用水管道连接。

阀门：在环状管段分段处，干管上接出的支管起始端，水表前后以及自动排气阀、泄压阀、压力表等附件前端，减压阀与倒流防止器前、后端等处设置阀门。阀门设置应操作检修方便，室外阀门宜设置在阀门井内或采用阀门套筒，应采用水力条件好、关闭灵活、耐腐蚀、寿命长的阀门。

排气装置：间歇式使用的给水管网的末端和最高点，管网有明显起伏管段的峰点以及减压阀出口端管道上升坡度的最高点和设有减压阀的供水系统立管顶端应设置自动排气装置。

倒流防止器：一般选用低阻力倒流防止器。

管道过滤器：采用耐腐蚀材料，滤网目数应为 20 目～40 目，设置在减压阀、自动水位控制阀等阀件前以及叠压供水设备的进水管处。

减压阀：当二次供水管道的压力高于配水点允许的最高使用压力时，应设置减压装置。

管道补偿器：二次供水管道的伸缩补偿装置按现行国家标准《建筑给水排水设计标准》GB 50015 的规定执行。

（5）消毒设备

消毒设备可选择臭氧发生器、紫外线消毒器和水箱自洁消毒器等。臭氧发生器应设置尾气消除装置。紫外线消毒器应具备对紫外线照射强度的在线检测，并宜有自动清洗功能。水箱自洁消毒器宜外置。

（6）仪表

二次供水涉及仪表主要有压力表、真空表、水表、流量计等。其中水表、流量计一般分为机械水表、智能水表、超声水表、二供专用智能电磁流量计等。

第五节　水 质 保 障

1. 水源保护

饮用水水源是指向供水企业生产饮用水提供原水的水源。天然饮用水水源包括江河、湖泊、水库等，这些天然水体由于形成条件不同，水中所含有的杂质种类和数量有很大的差别，各种水源的水质特征大不相同。饮用水水源的保护与管理，对维持水厂正常生产、保证供水质量、降低制水成本有着重要意义。

（1）水源保护区

饮用水水源保护区是指国家为保证水源地环境质量而制定一定面积的水域和陆地，并要求加以特殊保护的区域。分为一级保护区和二级保护区；必要时在水源保护区外围划定一定的区域作为准保护区。饮用水水源保护区的划定，由有关市、县人民政府提出划定方案，报省、自治区、直辖市人民政府批准；有关地方人民政府应当在饮用水水源保护区的边界设定明确的地理界标和明显的警示标志并制定相应的管理条例。

河流型饮用水水源地一级保护区：一般河流取水口上游延伸不小于 1000m，下游不小于100m。二级保护区为：一般河流取水口上游延伸不小于2000m，下游不小于200m。

（2）水源保护与管理的基本要求：

A）按划定的水源保护区，设立地理界标和明显的警示标志。

B）定期对原水水质开展调查、分析与评价。

C）原水水质监测的采样点、频率、检测项目符合现行国家标准《生活饮用水卫生标准》GB 5749 的规定要求。

D）取水设施可靠完好，管理科学。

E）有针对水源发生突发性水污染事故的应急预案和应对措施。

2. 水质标准

（1）原水水质标准

浙江省水源主要以江河、湖泊以及水库水为主，无地下水水源，水库水因水质好、水质稳定，近年来逐步成为各地市的主要饮用水源。原水水质应符合现行国家标准《地表水环境质量标准》GB 3838。

依据地表水水域环境功能和保护目标，按功能高低依次划分为五类：Ⅰ类主要适用于源头水、国家自然保护区；Ⅱ类主要适用于集中式生活饮用水地表水源地一级保护区、珍稀水生生物栖息地、鱼虾类产场、仔稚幼鱼的索饵场等；Ⅲ类主要适用于集中式生活饮用水地表水源地二级保护区、鱼虾类越冬场、洄游通道、水产养殖区等渔业水域及游泳区；Ⅳ类主要适用于一般工业用水区及人体非直接接触的娱乐用水区；Ⅴ类主要适用于农业用水区及一般景观要求水域。符合Ⅲ类及以上水质标准的水源才能作为饮用水水源。

本标准项目共计109项，其中地表水环境质量标准基本项目24项，集中式生活饮用水地表水源地补充项目5项，集中式生活饮用水地表水源地特定项目80项。

地表水环境质量标准基本项目标准限值（单位：mg/L）　　　　表4-3

序号	标准值　分类　项目		Ⅰ类	Ⅱ类	Ⅲ类	Ⅳ类	Ⅴ类
1	水温（℃）		人为造成的环境水温变化应限制在：周平均最大温升≤1 周平均最大温降≤2				
2	pH 值（无量纲）		6～9				
3	溶解氧	≥	饱和率90%（或7.5）	6	5	3	2
4	高锰酸盐指数	≤	2	4	6	10	15
5	化学需氧量（COD）	≤	15	15	20	30	40
6	五日生化需氧量（BOD_5）	≤	3	3	4	6	10
7	氨氮（NH_3-N）	≤	0.15	0.5	1.0	1.5	2.0
8	总磷（以 P 计）	≤	0.02（湖、库 0.01）	0.1（湖、库 0.025）	0.2（湖、库 0.05）	0.3（湖、库 0.1）	0.4（湖、库 0.2）
9	总氮（湖、库，以 N 计）	≤	0.2	0.5	1.0	1.5	2.0
10	铜	≤	0.01	1.0	1.0	1.0	1.0
11	锌	≤	0.05	1.0	1.0	2.0	2.0
12	氟化物（以 F^- 计）	≤	1.0	1.0	1.0	1.5	1.5
13	硒	≤	0.01	0.01	0.01	0.02	0.02
14	砷	≤	0.05	0.05	0.05	0.1	0.1
15	汞	≤	0.00005	0.00005	0.0001	0.001	0.001
16	镉	≤	0.001	0.005	0.005	0.005	0.01
17	铬（六价）	≤	0.01	0.05	0.05	0.05	0.1

续表

序号	项目＼标准值＼分类		Ⅰ类	Ⅱ类	Ⅲ类	Ⅳ类	Ⅴ类
18	铅	≤	0.01	0.01	0.05	0.05	0.1
19	氰化物	≤	0.005	0.05	0.2	0.2	0.2
20	挥发酚	≤	0.002	0.002	0.005	0.01	0.1
21	石油类	≤	0.05	0.05	0.05	0.5	1.0
22	阴离子表面活性剂	≤	0.2	0.2	0.2	0.3	0.3
23	硫化物	≤	0.05	0.1	0.2	0.5	1.0
24	粪大肠菌群(个/L)	≤	200	2000	10000	20000	40000

集中式生活饮用水地表水源地补充项目标准限值（单位：mg/L） 表 4-4

序　号	项　目	标准值
1	硫酸盐(以 SO_4^{2-} 计)	250
2	氯化物(以 Cl^- 计)	250
3	硝酸盐(以 N 计)	10
4	铁	0.3
5	锰	0.1

（2）生活饮用水标准

目前，全世界有许多不同的饮用水水质标准，其中具有国际权威性、代表性的主要是：世界卫生组织的《饮用水水质准则》、欧盟的《饮用水水质指令》、美国环境保护局制定的《美国国家饮用水水质标准》。

1）国家水质标准

我国现行国家水质标准为《生活饮用水卫生标准》GB 5749，其中具体规定了生活饮用水水质卫生要求、生活饮用水水源水质卫生要求、集中式供水单位卫生要求、二次供水卫生要求、涉及生活饮用水卫生安全产品卫生要求、水质监测和水质检验方法。

《生活饮用水卫生标准》GB 5749 的指标共计 106 项，其中常规指标 38 项，消毒剂指标 4 项，非常规指标 64 项。常规指标即反映生活饮用水水质基本状况，分为微生物指标（4 项）、毒理指标（15 项）、感官性状和一般化学指标（17 项），及放射性指标（2 项），共 38 项。详见表 4-5。

水质常规指标及限值 表 4-5

指　标	限　值
1. 微生物指标[①]	
总大肠菌群/(MPN/100mL 或 CFU/100mL)	不得检出
耐热大肠菌群/(MPN/100mL 或 CFU/100mL)	不得检出
大肠埃希氏菌/(MPN/100mL 或 CFU/100mL)	不得检出
菌落总数/(CFU/mL)	100

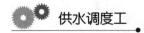

续表

指　　标	限　　值
2. 毒理指标	
砷/(mg/L)	0.01
镉/(mg/L)	0.005
铬/(六价,mg/L)	0.05
铅/(mg/L)	0.01
汞/(mg/L)	0.001
硒/(mg/L)	0.01
氰化物/(mg/L)	0.05
氟化物/(mg/L)	1.0
硝酸盐(以 N 计)/(mg/L)	10 地下水源限制时为 20
三氯甲烷/(mg/L)	0.06
四氯化碳/(mg/L)	0.002
溴酸盐(使用臭氧时)/(mg/L)	0.01
甲醛(使用臭氧时)/(mg/L)	0.9
亚氯酸盐(使用二氧化氯消毒时)/(mg/L)	0.7
氯酸盐/(使用复合二氧化氯消毒时)/(mg/L)	0.7
3. 感官性状和一般化学指标	
色度/(铂钴色度单位)	15
浑浊度(散射浑浊度单位)/ NTU	1 水源与净水技术条件限制时为 3
臭和味	无异臭、异味
肉眼可见物	无
pH	不小于 6.5 且不大于 8.5
铝/(mg/L)	0.2
铁/(mg/L)	0.3
锰/(mg/L)	0.1
铜/(mg/L)	1.0
锌/(mg/L)	1.0
氯化物/(mg/L)	250
硫酸盐/(mg/L)	250
溶解性总固体/(mg/L)	1000
总硬度(以 $CaCO_3$ 计)/(mg/L)	450
耗氧量(COD_{Mn} 法,以 O_2 计)/(mg/L)	3 水源限制,原水耗氧量＞6mg/L 时为 5
挥发酚类(以苯酚计)/(mg/L)	0.002
阴离子合成洗涤剂/(mg/L)	0.3

续表

指　标	限　值
4. 放射性指标[②]	指导值
总 α 放射性/(Bq/L)	0.5
总 β 放射性/(Bq/L)	1

① MPN 表示最可能数；CFU 表示菌落形成单位。当水样检出总大肠菌群时，应进一步检验大肠埃希氏菌或耐热大肠菌群；水样未检出总大肠菌群，不必检验大肠埃希氏菌或耐热大肠菌群。

② 放射性指标超过指导值，应进行核素分析和评价，判定能否饮用。

饮用水中消毒剂常规指标及要求（4 项），见表 4-6。

饮用水中消毒剂常规指标及要求　　　　　表 4-6

消毒剂名称	与水接触时间	出厂水中限值 (mg/L)	出厂水中余量 (mg/L)	管网末梢水中余量(mg/L)
氯气及游离氯制剂(游离氯)	≥30min	4	≥0.3	≥0.05
一氯胺(总氯)	≥120min	3	≥0.5	≥0.05
臭氧(O_3)	≥12min	0.3	—	0.02 如加氯,总氯≥0.05
二氧化氯(ClO_2)	≥30min	0.8	≥0.1	≥0.02

国标中水质非常规指标及限值，即根据地区、时间、水源水质变化或特殊情况需要实施的生活饮用水水质指标，共 64 项，分为微生物指标（2 项）、毒理性指标（59 项）、感官性状和一般化学指标（3 项）。

2）行业水质标准

除国家水质标准外，根据不同的供水目的和使用要求，还制定了系列行业水质标准，如《城市供水水质标准》CJ/T 206、《饮用净水水质标准》CJ 94 等。

《城市供水水质标准》：由建设部于 2005 年颁布实施，主要对城市公共集中式供水、自建设施供水和二次供水的供水水质要求、水源水质要求、水质检验和监测、水质安全等作了规定。该标准涉及常规检验 42 项，非常规检验 59 项，共 101 项检测项目，其中检测指标项目数要略少于国家《生活饮用水卫生标准》项目数，个别指标限值要略高于国家《生活饮用水卫生标准》要求。目前水厂出厂水及管网水水质检验项目合格率统计严格执行本标准要求。见表 4-7。

水质检验项目合格率　　　　　表 4-7

水样检验项目 出厂水或管网水	综合	出厂水	管网水	表1项目	表2项目
合格率(%)	95	95	95	95	95

注：1. 综合合格率为：表 1 中 42 个检验项目的加权平均合格率。

2. 出厂水检验项目合格率：浑浊度、色度、臭和味、肉眼可见物、余氯、细菌总数、总大肠菌群、耐热大肠菌群、COD_{Mn} 共 9 项的合格率。

3. 管网水检验项目合格率：浑浊度、色度、臭和味、余氯、细菌总数、总大肠菌群、COD_{Mn}（管网末梢点）共 7 项的合格率。

4. 综合合格率按加权平均进行统计

计算公式：

(1) $综合合格率\% = \dfrac{管网水\ 7\ 项各单项合格率之和 + 42\ 项扣除\ 7\ 项后的综合合格率}{7+1} \times 100\%$

(2) $管网水\ 7\ 项各单项合格率（\%）= \dfrac{单项检验合格次数}{单项检验总次数} \times 100\%$

(3) $42\ 项扣除\ 7\ 项后的综合合格率（35\ 项）（\%）= \dfrac{35\ 项加权后的总检验合格次数}{各水厂出厂水的检验次数 \times 35 \times 各该厂供水区分布的取水点数} \times 100\%$

《饮用净水水质标准》：该标准于 2005 年修订，适用于已符合生活饮用水水质标准或水源水为原水，经再净化后供给用户直接饮用的管道直饮水。

3. 水质在线监测

（1）水源监测

定期对水源地进行水质分析，为水处理和水源保护提供科学依据，可以早期发现或预报水质的恶化情况，以便及早采取对策、加以制止。河流型水源应监测浑浊度、酸碱度（pH）、水温、电导率等指标，水源易受污染时应增加氨氮、耗氧量吸收、溶解氧或其他特征指标。湖库型水源应监测浑浊度、酸碱度（pH）、溶解氧、水温、电导率等指标，水体富营养化时应增加叶绿素 a 等指标，水体易受污染时应增加氨氮、耗氧量吸收或其他特征指标。地下水水源应监测浑浊度、酸碱度（pH）、电导率等指标，当铁、锰、硝酸盐或其他指标存在超标现象时，可增加相应特征指标。必要时增加生物综合毒性指标对水源污染风险进行预警。

监测点的位置应根据预警的要求进行设置，并应根据取水口位置确定其设置深度。水源水质在线监测频率不宜小于 1 次/2h。

（2）水厂监测

水厂水质在线监测指标应根据净化工序运行管理确定，一般应监测浑浊度、酸碱度（pH）和消毒剂余量等指标，根据需要可增加耗氧量及其他指标。

水厂监测点应选择包括进厂原水、主要净化工序出水和出厂水等。浑浊度和消毒剂余量监测频率不宜小于 12 次/h。

（3）管网监测

管网在线监测指标应包括浑浊度和消毒剂余量，可增加酸碱度（pH）、电导率、水温、色度等其他指标。

供水干管、不同水厂供水交汇区域、较大规模加压泵站等重要区域或节点应设置在线监测点，管网末梢可根据需要增设。监测点数量应根据供水服务人口确定，30 万人以下不应小于 3 个；50 万～100 万人不应小于 5 个；100 万～500 万人不小于 20 个；500 万人不小于 30 个。浑浊度和消毒剂余量监测频率不小于 4 次/h。

（4）水质仪表

水质在线分析仪器按测量方式通常分为电极法和光度法两种，应根据使用环境的不同作相应的选择。水质在线仪表可尽早发现水质的异常变化，为防止水质污染迅速做出预警预报，及时追踪污染源，从而为管理决策服务。水质在线监测系统是一套以在线自动分析仪器为核心，运用现代传感技术、自动测量技术、自动控制技术、计算机应用技术以及相关的专用分析软件和通信网络组成的在线自动监测体系。

水质在线仪表一般包括取样系统、预处理系统、数据采集与控制系统、在线监测分析仪表、数据处理与传输系统及远程数据管理中心，这些分系统既各成体系，又相互协作，以完成整个在线自动监测系统的连续可靠地运行。

常见水质仪表有：温度、浊度、余氯、pH 值、溶解氧、电导率、叶绿素、氨氮、总磷、总氮等。

在线水质仪表配置参考表见表 4-8。

供水系统在线水质仪表配置参考表 表 4-8

安装位置	仪表名称
水源地或取水口	浊度仪、pH 计、溶解氧、氨氮仪、总磷、总氮、COD 仪、叶绿素仪等
原水进水管	浊度仪、pH 计、溶解氧、氨氮仪、COD 仪、总锰仪等
沉淀池出水	浊度仪、pH 计、余氯仪
滤池出水	浊度仪、pH 计、余氯仪、颗粒计数仪
出厂水	浊度仪、pH 计、余氯仪、颗粒计数仪
管网水	浊度仪、pH 计、余氯仪

4. 水质分析

（1）玻璃仪器

玻璃仪器是水质分析中最常用的仪器，透明性好，具有较好的化学稳定性和热稳定性，同时具有一定的机械强度和绝缘性能。玻璃仪器主要包括烧器类（烧杯、锥形瓶、烧瓶）、量器类（量筒、量杯、吸管、滴定管）、瓶类（试剂瓶、称量瓶、洗瓶）、管类（试管、比色管、离心管）及其他一些玻璃仪器，如蒸馏器、干燥器、漏斗、分液漏斗、酒精灯等。

水质分析实验室中除了大量使用玻璃仪器及器皿外，还要用到其他一些器皿，如玛瑙研钵、瓷制器皿、石英玻璃制品、金属器皿等。

（2）化学试剂与试液

化学试剂其特定的质量规格，其纯度和杂质含量都规定有其容许值，此值是用规定的检验方法确定的。我国统一规定了试剂级别标志。

级别	一级品	二级品	三级品	四级品	
纯度分类	优级纯（保证试剂）	分析纯（分析试剂）	化学纯	实验试剂	生物试剂
符号	GR	AR	CP	LR	BR 或 CR
标签颜色	绿	红	蓝	棕或其他	黄或其他

实验室用水。在分析工作中，洗涤仪器、溶解样品、配制溶液均需用水。一般天然水和自来水中常含有少量无机物质和有机物，会影响分析结果的准确度，作为分析用水，必须先用一定的方法净化，达到国家规定实验室用水规格后，方可使用。

（3）常用仪器设备

水质分析过程中，常用到的仪器设备还包括：天平（托盘天平、工业天平、光电分析天平、单盘天平、电子天平）、电热设备（电炉、高温电炉、电热干燥箱、培养箱、电热恒温水浴锅）、电冰箱、真空泵、空气压缩机、电磁搅拌器、离心机、气体钢瓶等。

（4）水样采集与保存

1）采样计划

采样前应根据水质检验目的和任务制定采样计划，内容包括：采样目的、检验指标、采样时间、采样地点、采样方法、采样频率、采样数量、采样容器与清洗、采样体积、样品保存方法、样品标签、现场测定项目、采样质量控制、运输工具和条件等。

2）采样容器及采样器

采样前应根据待测组分的特性选择合适的采样容器及采样器。采样容器的选用材质应化学稳定性强，且不应与水样中组分发生反应，容器壁不应吸收或吸附待测组分；可适应环境温度的变化，抗震性能强，大小形状和重量应适宜，能严密封口，并容易打开，且易清洗；应尽量选用细口容器，容器的盖和塞的材料应与容器材料统一。采样容器和采样器在使用前应按相关要求洗净备用。

3）水样采集

采样前应先用水样荡洗采样器、容器和塞子2～3次（油类除外）。同一水源、同一时间采集几类检测指标的水样时，应先采集供微生物学指标检测的水样。采样时应直接采集，不得用水样涮洗已灭菌的采样瓶，并避免手指和其他物品对瓶口的沾污。

水样采集分水源水采集、出厂水采集、末梢水采集、二次供水采集、分散式供水的采集等，采样体积根据测定指标、测试方法、平行样检测所需样品量等情况计算并确定采样体积。

测试指标不同，测试方法不同，保存方法也就不同，样品采集时应分类采集。非常规指标和有特殊要求指标的采样体积应根据检测方法的具体要求确定。

4）水样保存

水样一般在4℃冷藏保存，贮存于暗处，并应根据测定指标选择适宜的保存方法，主要有冷藏、加入保存剂等。保存剂不能干扰待测物的测定，不能影响待测物的浓度。如果是液体，应校正体积的变化。保存剂的纯度和等级应达到分析的要求。保存剂可预先加入采样容器中，也可在采样后立即加入。易变质的保存剂不能预先添加。

5）样品运输

除用于现场测定的样品外，大部分水样都需要运回实验室进行分析。在水样运输和实验室管理过程中应保证其性质稳定、完整、不受沾污、损坏和丢失。水样采集后应立即送回实验室，根据采样点的地理位置和各项目的最长可保存时间选用适当的运输方式，在现场采样工作开始之前就应安排好运输工作，以防延误。塑料容器要塞进内塞，拧紧外盖，贴好密封带，玻璃瓶要塞紧磨口塞，并用细绳将瓶塞与瓶颈拴紧，或用封口胶、石蜡封口；待测油类的水样不能用石蜡封口；需要冷藏的样品，应配备专门的隔热容器，并放入制冷剂；冬季应采取保温措施，以防样品瓶冻裂。

（5）质量控制

1）水样采集的质量控制

A. 质量控制目的

水样采集的质量控制的目的是检验采样过程质量，是防止样品采集过程中水样受到污染或发生变质的措施。

B. 现场空白

现场空白是指在采样现场以纯水作样品，按照测定项目的采样方法和要求，与样品相同条件下装瓶、保存、运输，直至送交实验室分析。

通过将现场空白与实验室内空白测定结果相对照，掌握采样过程中操作步骤和环境条件对样品质量影响的状况。现场空白所用的纯水要用洁净的专用容器，由采样人员带到采样现场，运输过程中应注意防止沾污。

C. 运输空白

运输空白是以纯水作样品，从实验室到采样现场又返回实验室。运输空白可用来测定样品运输、现场处理和贮存期间或由容器带来的可能沾污。每批样品至少有一个运输空白。

D. 现场平行样

现场平行样是指在同等采样条件下，采集平行双样密码送实验室分析，测定结果可反映采样与实验室测定的精密度。当实验室精度受控时，主要反映采样过程的精密度变化状况。现场平行样要注意控制采样操作和条件的一致。对水质中非均相物质或分布不均匀的污染物，在样品灌装时摇动采样器，使样品保持均匀。现场平行样占样品总量的 10% 以上，一般每批样品至少采集两组平行样。

E. 现场加标样或质控样

现场加标样是取一组现场平行样，将实验室配置的一定浓度的被测物质的标准溶液，等量加入到其中一份已知体积的水样中，另一份不加标样，然后按样品要求进行处理，送实验室分析。将测定结果与实验室加标样对比，掌握测定对象在采样、运输过程中的准确度变化情况。现场加标除加标在采样现场进行外，其他要求应与实验室加标样相一致。现场使用的标准溶液与实验室使用的为同一标准溶液。

现场质控样是指将标准样与样品基体组分接近的标准控制样带到采样现场，按样品要求处理后与样品一起送实验室分析。现场加标样或质控样的数量，一般控制在样品总量的 10% 左右，每批样品不少于 2 个。

2）水质分析质量控制

水质分析质量控制的目的是把分析工作中的误差，减小到一定的限度，以获得准确可靠的测试结果。分析质量控制是发现和控制分析过程产生误差的来源，用以控制和减小误差的措施。

分析质量控制过程是通过对有证参考物质（或控制样品）的检验结果的偏差来评价分析工作的准确度；通过对有证参考物质（或控制样品）重复测定之间的偏差来评价分析工作的精密度。

A. 分析误差

分析工作中的误差有三类：系统因素影响引起的误差、随机因素影响引起的误差和过失行为引起的误差。

误差的表示方法：①测定加标回收率表述准确度；②用重复测定结果的标准偏差或相对标准偏差表述精密度。

B. 校准曲线和回归

校准曲线是描述待测物质浓度或量与检测仪器响应值或指示量之间的定量关系曲线，分为"工作曲线"（标准溶液处理程序及分析步骤与样品完全相同）和"标准曲线"（标准溶液处理程序较样品有所省略，如样品预处理）。

校准曲线制作：在测量范围内，配制的标准溶液系列，已知浓度点不得小于 6 个（含空白浓度），根据浓度值与响应值绘制校准曲线，必要时还应考虑基体的影响。使用校准曲线时，应选用曲线的直线部分和最佳测量范围，不得任意外延。

回归校准曲线统计检验：回归校准曲线的精密度检验、回归校准曲线的截距检验、回归校准曲线的斜率检验。

C. 分析方法的适用性检验

分析人员在承担新的监测项目和分析方法时，应对该项目的分析方法进行适用性检验，包括空白值测定，分析方法检出限的估算，校准曲线的绘制及检验，方法的误差预测，如精密度、准确度及干扰因素等，以了解和掌握分析方法的原理、条件和特性。

D. 分析质量控制方法与要求

质量控制图法：常用的质量控制图有均值标准差控制图、均值极差控制图、加标回收控制图和空白值控制图等。

平行双样法：每批测试样品随机抽取 10%～20% 的样品进行平行双样测定。若样品数量较少时，应增加平行双样测定比例。

加标回收分析：在测定样品时，于同一样品中加入一定量的标准物质进行测定，将测定结果扣除样品的测定值，计算回收率。加标回收分析在一定程度上能反映测试结果的准确度。在实际应用时应注意加标物质的形态、加标量和样品基体等。每批相同基体类型的测试样品应随机抽取 10%～20% 的样品进行加标回收分析。

标准参考物（或质控样）对比分析：标准参考物是一种或多种经确定了高稳定度的物理化学和计量学特性，并经正式批准可作为标准使用，以便用来校准测量器具、评价分析方法或给材料赋值的物质或材料，用于评价测量方法和测量结果的准确度。采用标准参考物（或质控样）和样品同步进行测试，将测试结果与标准样品保证值相比较，以评价其准确度和检查实验室内（或个人）是否存在系统误差。

不同分析方法对比分析：对同一样品采用具有可比性的不同分析方法进行测定，若结果一致，表明分析质量可靠。该法多用于标准物质的定值等。

5. 管网水质异常及应对

自来水从出厂到用户终端需经过长距离管道输送，在输送过程中由于受管道内或管道外各种因素影响，自来水质会发生变化，如出现浊度、色度、铁、锰、菌落总数等指标的升高，严重的伴随出现"黄水""黑水""红水""异味"等水质异常超标现象，从而影响使用。

（1）影响管网水质变化因素

一是内部因素，自来水在出厂水是符合国家标准，但其成分中仍含有有机物、无机物和微生物，在运输过程中会与管道发生化学反应，有部分化合物也在分解或在管道内沉积，残留在水中的微生物也可能再繁殖或死亡分解或滋生新的菌种等，以上各种因素均可能导致管网水质异常；二是外部因素，如管网规划设计不合理、施工质量差、管材质量参差不齐等导致管网压力波动大，管材易腐蚀损坏等，譬如管网后期维护不到位、野蛮施工导致管网爆管、渗漏等，以上因素均可能导致管网出现二次污染，使水质异常变化。

（2）优化管网水质措施

1）改善配水管网水力工况；

2）定期进行管网冲洗；

3）中途加氯；

4）采用新管材，推广新技术进行管网改造；

5）加强管网巡检及维护。

一旦发现管网水质异常，供水调度工应第一时间及时上报，按照水质应急预案，积极主动采取相应措施，以尽量减少损失。

第五章

水泵与水泵站

第一节 概　　述

1. 水泵及水泵站在给水中的作用

在城市给水工程中，水泵站是不可缺少的重要组成部分，是给水系统的水力枢纽——"心脏"，只有水泵站的正常工作才能保证给水系统的正常运行。图 5-1 所示为城市给水系统工艺基本流程。由图可知，城市中自来水的输送都是通过一系列不同功能水泵站的正常运行来完成的。原水由取水泵站从水源地抽送至制水厂，通过制水厂净化后的清水由送水泵站输送到城市供水管网，送至各用水点。

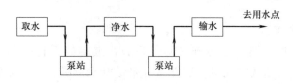

图 5-1　城市给水系统工艺基本流程

从经济角度来看，在城市给水工程中，水泵站在整个给水系统项目投资中占比不大，但水泵站运行后所耗电费，在给水系统运行费用中却占相当大的比重。城市供水企业一般都是用电大户。在整个给水系统用电量中，95％～98％的电量是用来维持水泵的运转，其他 2％～5％的电量用在制水过程中的辅助设备上（如电动阀、排污泵、真空泵、机修及照明等）。就一般城镇水厂而言，泵站消耗电费，通常占制水成本的 40％～70％，甚至更多。就全国水泵机组的电能消耗而言，它占全国电能消耗的 21％以上。因此，通过科学优化调度，提高机泵设备运行效率；采用调速电机，扩大水泵机组高效工作范围；对役龄过长、设备陈旧的机泵，及时采取更新改造等措施，都是合理降低泵站电耗的重要途径。除此以外，泵站中还有多种形式的节电措施，例如采用液压自控蝶阀、各种微阻缓闭止回阀等方式均能达到良好的节电效果。

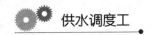

2. 水泵定义和分类

水泵是输送和提升液体的机器。它把原动机的机械能转化为被输送液体的能量，使液体获得动能或势能。由于水泵在国民经济各部门中应用很广，品种系列繁多，对它的分类方法也各不相同。按其作用原理可分为以下三类：

（1）叶片式水泵：它对液体的压送是靠装有叶片的叶轮高速旋转来完成能量的转换和传递。属于这一类的有离心泵、轴流泵、混流泵等。

（2）容积式水泵：它对液体的压送是靠泵体工作室容积的周期性改变来完成的。一般使工作室容积改变的方式有往复运动和旋转运动两种。属于往复运动的容积水泵有往复泵等。属于旋转运动的容积水泵有转子泵等。

（3）其他类型水泵：这类泵是指除叶片式水泵和容积式水泵以外的特殊泵。属于这一类的主要有螺旋泵、射流泵（又称水射泵）、水锤泵、水轮泵以及气升泵（又称空气扬水机）等。其中除螺旋泵是利用螺旋推进原理来提高液体的位能外，其余水泵都是利用高速液流或气流的动能或动量来输送液体的。在给水工程中，结合具体条件应用这类特殊水泵来输送水或药剂（混凝剂、消毒剂等）时，常常能起到良好的效果。

上述各类水泵使用范围是很不相同的。目前定型生产的各类水泵使用范围相当广泛，而其中离心泵、轴流泵、混流泵和往复泵等的使用范围各具不同的性能。其中往复泵使用范围侧重于高扬程、小流量；轴流泵和混流泵使用范围侧重于低扬程、大流量；而离心泵使用范围则介乎两者之间，工作区间最广，产品的品种、系列和规格也最多。以城市给水工程来说，使用离心泵十分合适，即使是大型水厂，也可采用多台离心泵并联运行方式来满足供水要求。

第二节　离　心　泵

1. 离心泵的基本构造

以常用的单级单吸式离心泵为例（见图5-2），主要包括有蜗壳形的泵壳，其作用是收集叶轮甩出的水；泵轴从电动机获取能量并带动叶轮旋转；装于泵轴上的叶轮，高速旋转甩水增加能量；吸水管与泵壳上的进口相连接；压水管与泵壳上的出口相连接。

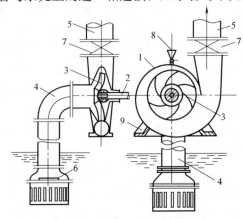

图 5-2　单级单吸式离心泵构造

1—泵壳；2—泵轴；3—叶轮；4—吸水管；5—压水管；6—底阀；7—闸阀；8—灌水漏斗；9—泵座

2. 离心泵的主要零件

根据零件工作重要程度，一般离心泵有 6 个主要零件。图 5-3 为单级单吸式卧式离心泵。

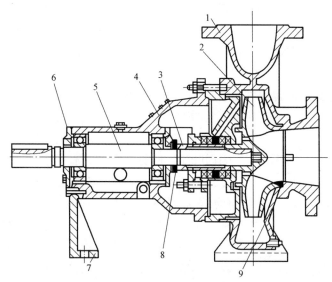

图 5-3　单级单吸式卧式离心泵

1—泵体；2—叶轮；3—轴套；4—轴承体；5—泵轴；6—轴承端盖；7—支架；8—挡水圈；9—减漏环

（1）叶轮

叶轮是水泵的重要部件，它的形状、尺寸、加工工艺等对水泵性能有决定性的影响。它的作用是把动力机输入的能量传递给水。

离心泵叶轮有 3 种形式：有前后轮盘的称为封闭式；仅有后轮盘的称为半封闭式；无前后轮盘的称为开敞式，如图 5-4 所示。

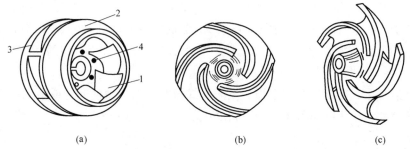

（a）　　　　　　　　　　（b）　　　　　　　　　　（c）

图 5-4　单吸式离心泵叶轮的形式

（a）封闭式；（b）半封闭式；（c）开敞式

1—叶片；2—前盖板；3—后盖板；4—平衡孔

封闭式叶轮，轮盘间有 2～12 个后弯式叶片，具有较高的运行效率，如单吸式、双吸式清水离心泵就采用了这种叶轮。其中，单吸式叶轮由于有轴向推力，因此在叶片的根部开有平衡孔。

半封闭式与开敞式叶轮叶片较少，一般为 2～5 片，多用于抽送浆粒状液体或污水，如污水泵的叶轮。

叶轮要具有足够的机械强度，并具有一定的耐磨性、耐腐蚀性，目前多采用铸铁、铸钢或青铜制成。

（2）泵轴

泵轴是带动叶轮旋转并将动力机能量传给叶轮的部件。装有横轴的泵称为卧式泵，装有竖轴的泵称为立式泵。泵轴应具有足够的抗扭强度和刚度，其挠度不能超过允许值，工作转速不能接近产生共振的临界转速，其常用材料是碳素钢和不锈钢。

（3）泵体

泵体（壳体）是形成包容和输送液体的外壳总称，主要由泵盖和蜗形体组成。泵盖为水泵的吸入室，是一段渐缩的锥形管，锥度一般为 $7°\sim18°$，其作用是将吸水管路中的水以最小的损失均匀地引向叶轮。叶轮外圆侧具有蜗形的壳体称为蜗形体，它是泵的压出室，如图 5-5 所示。蜗形体由蜗室和扩散管组成，扩散管的扩散角一般为 $8°\sim12°$。其作用是汇集从叶轮中高速流出的液体，并输送至排出口；将液体的一部分动能转化为压力能，消除液体的旋转运动。泵体材料一般为铸铁。泵体及进、出口法兰处设有泄水孔、排气孔（灌水孔）和测压孔，用以停机后放水、启动时抽真空或灌水，并安装真空表、压力表。

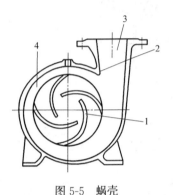

图 5-5　蜗壳

1—叶片；2—隔舌；3—扩散管；4—蜗室

（4）减漏环

减漏环又称承磨环或口环，安装在叶轮进口外缘与泵壳之间的间隙处，其作用是减漏、承磨。

转动的叶轮与静止的泵壳在此处的间隙很小，又是高低压区的交界面，不仅会引起摩擦，同时还会使高压水向低压侧泄漏。减漏环不仅减漏，并可以替泵壳与叶轮承受磨损和腐蚀。

在构造上，减漏环一般采用两种方式：一是减少接缝间隙（0.1～0.5mm）；二是增加泄露通道的阻力。为此通常在泵壳上镶嵌一个金属口环，或在泵壳和叶轮上各安装一个环。

在实际运行中，减漏环受到磨损后只需更换减漏环而不致使叶轮或泵壳报废，另外减漏环的材料硬度应小于叶轮及泵壳的材料硬度。

（5）轴封装置

泵轴穿过泵壳时，在轴与壳之间存在间隙，如不采取措施，间隙处就会有泄漏。为此，需在轴与壳之间的间隙处设置密封装置，称之为轴封。如图 5-6 所示填料盒就是一种常用的轴封手段。它由轴封套、填料、水封管、水封环、压盖等五个部件组成。

填料又名盘根。在轴封装置中起阻水、阻气的密封作用。常用的填料是浸油、浸石墨等石棉绳填料。

（6）轴承

轴承是用作支承转动部分的质量，承受水泵运行中的轴向力和径向力。图 5-7 为同心球轴承。

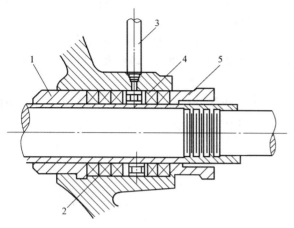

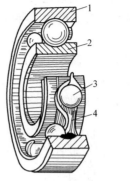

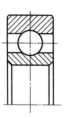

图 5-6 压盖填料型填料盒

1—轴封套；2—填料；3—水封管；4—水封环；5—压盖

图 5-7 同心球轴承

1—外圈；2—内圈；3—滚动体；4—保持架

常用的轴承有滚动轴承与滑动轴承两大类。滚动轴承工作性能较好，但当滚珠周围速度增高，工作性能改变，如果滚珠破碎，水泵运行时转动部分也就会损坏。一般而言，泵轴直径在 60mm 以下的采用滚动轴承，如单吸泵轴承；滑动轴承可承受较大的荷载，泵轴直径在 75mm 以上的一般采用滑动轴承；双吸泵轴承有滚动轴承与滑动轴承两类。

水泵转动时，轴承发热量较大，可用水润滑和冷却。

3. 水泵的调速

为提高城市供水水泵运行效率，水泵调速是一项有效的技术措施。

常用的水泵调速方式一般分两大类：第一类是转子串电阻调速、电磁离合器调速、液力耦合器调速。第二类是变频调速、晶闸管串级调速和电机串级调速。第二类调速装置比第一类调速装置更节能。

调速手段多种多样，其性价比也各异。在选择调速装置时，应根据水泵出口扬程、流量变化范围的特性要求以及节电多少、投资回收期长短、技术复杂程度和本身技术力量水平等诸多因素综合考虑。

十几年来，供水企业在水泵调速上有成功的经验，也有失败的教训。如：

（1）调速的选点不正确，在不需要调速的场合采用了调速技术或在许多的机群中仅调其中一台，结果得出了调速不节能的结论。

（2）对调速技术了解不够，在选型时片面强调新技术，以致造成投资过大、维护力量跟不上的局面。

（3）国内的调速设备质量不稳定，增加了使用单位的维修工作量。

（4）供水企业的技术力量跟不上，设备维护技术能力不胜任。

第三节 其他类型水泵

1. 轴流泵和混流泵

轴流泵和混流泵都是大、中流量，中、低扬程。尤其是轴流泵，扬程一般为 4～15m

左右，多用于大流量、低扬程情况。例如：长距离输水工程中途加压提升泵站、城市雨水提升泵站和大型污水泵站等，采用轴流泵和混流泵是十分普遍的。

（1）轴流泵。轴流泵是靠叶片对水流产生的升力而工作的，与机翼上升是同一原理。轴流泵主要有喇叭管、叶轮、导叶体、泵轴、出水弯管、轴承、填料盒、叶片角度的调节机构等组成。如图 5-8 所示。

（2）混流泵。混流泵中液体的出流方向介于离心泵与轴流泵之间，所以叶轮旋转时，液体受惯性离心力和推力共同作用。混流泵结构形式可分为蜗壳式和导叶式两种。图 5-9 为导叶式混流泵结构图。

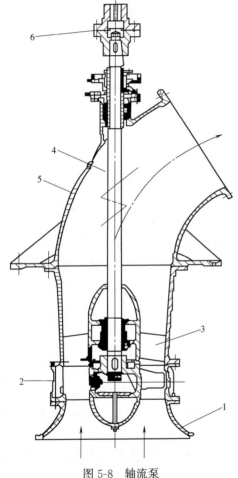

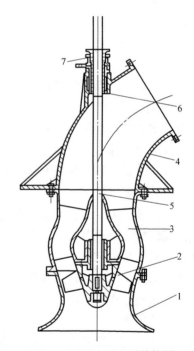

图 5-8 轴流泵

1—进水喇叭管；2—叶轮；3—导叶体；
4—泵轴；5—出水弯管；6—刚性联轴器

图 5-9 导叶式混流泵结构图

1—进水喇叭管；2—叶轮；3—导叶体；4—出水弯管；
5—泵轴；6—橡胶轴承；7—轴封装置

2. 射流泵

射流泵也称水射泵，其基本构造如图 5-10 所示，由喷嘴、吸入室、混合器及扩散管等部分组成。其构造简单，工作可靠，在给排水工程中经常应用。比如：用作离心泵的抽气引水装置、在水厂中抽吸液氯和矾液、在排水工程中作为污泥消化池中搅拌和混合污泥用泵等。

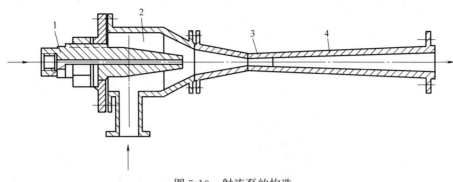

图 5-10　射流泵的构造
1—喷嘴；2—吸入室；3—混合管；4—扩散管

3. 气升泵

气升泵又称空气扬水机，它是以压缩空气为动力来提升水流的一种装置。其基本构造是由扬水管、输气管、喷嘴和气水分离箱等组成。其构造简单，在现场可以利用管材就地装配。

图 5-11 为一个装有气升泵的钻井示意图。地下水的静水位为 O-O，来自空气压缩机的压缩空气由输气管 2 经喷嘴 3 输入扬水管 1，在扬水管中形成了空气和水的水气乳状液，沿扬水管上涌，流入气水分离箱 4。在分离箱中，水气乳状液以一定的速度撞在伞形钟罩 7 上，由于冲击而达到了水气分离的效果。分离出来的空气经气水分离箱顶部的排气孔 5 逸出，落下的水则借重力流出，由管道引入清水池中。

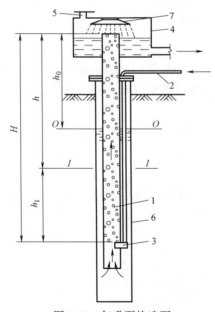

图 5-11　气升泵构造图
1—扬水管；2—输气管；3—喷嘴；4—气水分离箱；5—排气孔；6—井管；7—伞形钟罩

4. 往复泵

往复泵主要由泵缸、活塞（或柱塞）和吸、压水阀等所组成。它的工作是依靠在泵缸内做往复运行的活塞（或柱塞）来改变工作室的容积，从而达到吸入和排出液体的目的。由于泵缸主要部件（活塞或柱塞）的运动为往复式，因此称为往复泵。图 5-12 为往复泵工作示意图。

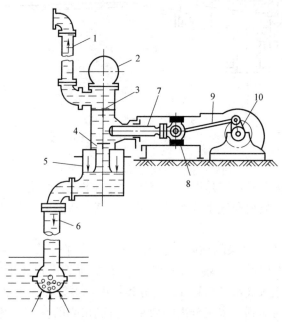

图 5-12　往复泵工作示意图

1—压水管路；2—压水空气室；3—压水阀；4—吸水阀；5—吸水空气室；
6—吸水管路；7—柱塞；8—滑块；9—连杆；10—曲柄

5. 螺旋泵

螺旋泵又称阿基米德螺旋泵。近代的螺旋泵在荷兰、丹麦等国应用较早，目前已推广到各国，广泛应用于灌溉、排涝以及提升污水、污泥等方面。

第四节　给水泵站

1. 泵站分类与特点

在给水工程中，按泵站在输配水系统中的位置和作用，泵站可分为取水泵站、送水泵站、加压泵站和循环泵站四种。

（1）取水泵站

取水泵站在水厂中也称一级泵站。一般指从水源取水，将水送到净水构筑物。对于采用地下水作为生活饮用水水源而水质又符合饮用水卫生标准时，取水泵站可直接将水送到用户。

（2）送水泵站

送水泵站在水厂中也称二级泵站。其工艺流程如图 5-13 所示。送水泵站将净水构筑物净化后的水输送给用户。通常建在水厂内，由于输送的是清净水，所以也称清水泵站。

清水池──→送水泵站──→输水管网或水塔──→用户

图 5-13　送水泵站工艺流程

（3）加压泵站

城市给水管网面积较大，输配水管线很长，或给水用户所在地的地势很高，不能满足供水需求时，可在城市供水管网中增设加压泵站。其工艺流程如图 5-14 所示。

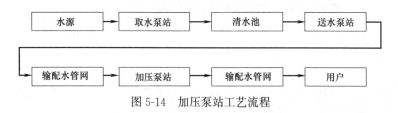

图 5-14　加压泵站工艺流程

（4）循环泵站

在一些工矿企业中，为减少水资源的用量以达到节水的目的，一些冷却水可循环利用，或生产用水作简单处理后反复利用，这时需设置循环泵站达到上述目的。

2. 水泵的选择

选泵的主要依据是根据所需流量、扬程以及变化规律。

选择水泵就要确定水泵的型号和台数。选泵首先应满足最大工况时要求，即应满足供水对象所需的最大流量和最高水压要求。按这种方法选出的水泵，虽然可满足最大工况时要求，但就全年供水来说，最大用水量出现的概率往往只占百分之几，绝大部分时间用水量和所需扬程均小于最大工况。因此，按此方法选泵，泵站能量浪费较大。

对供水泵站来说，供水流量发生变化，所需扬程也随之变化。当用水量减少时，水头损失也随之减少，即给水系统所需水压变小，而水泵扬程却由于流量减小而增大，这就使得给水管网不必要地增大了水压。这不仅浪费了能量，而且也增加了管道漏损率。

一般地，选泵有如下要点：

（1）流量变化范围较小、扬程变化较小的泵站。例如水源水位变化不很剧烈的取水泵站和管网中设有足够容量网前水塔的供水泵站，这类泵站可以全日均匀供水或一日分成几个不同水量供水。当全日均匀供水时，选泵时可以根据最高供水量决定选几台同型号水泵并联运行，在用水量较低时，减少水泵工作台数，也可以更换经过切削叶轮的泵，以求得较经济的效果；当分级供水时，可选用不同型号的泵并联运行或调整各级供水时间使全天供水与用水达到平衡。

（2）供水量及所需扬程变化较大的泵站，例如管网中无调节水量构筑物，扬程中水头损失占相当大比重的二级泵站。

这种水泵的供水量随水量的变化而明显变化。为了节省动力费用，应根据管网用水量与相应的水压变化情况，合理选择不同性质的水泵，在运行中进行灵活调度，或并联运行或单独运行，以求得最大的经济效果。

在泵站中水泵选好之后，还须按照火灾时的供水情况，校核泵站流量和扬程是否满足消防时的要求。

3. 泵站变配电设施及自控系统

变配电设备是泵站中的重要设施。给水泵站所用电动机的电压通常是 380V 和 6000V，而城市或工业区电网电压，通常是 110kV、35kV、10kV 或 6kV。所以需设置变电所。变电所的任务是接受高压电网送来的电能，把它从一种电压变换成相同频率的一种电压，并分配和输送到动力和照明的用电场所。

（1）电动机的选择

选择电动机，必须解决好电动机与水泵、电动机与电网、电动机与工作环境的矛盾，并且尽量投资节省、设备简单、运行安全、管理方便。

在给水泵站中，广泛采用三相交流异步电动机（包括鼠笼式和绕线式），但有时也采用同步电动机。

（2）变电所

变电所的变配电设备是用来接收、更换和分配电能的电气装置，它由变压器、开关设备、保护电器、测量仪表、连接母线和电缆等组成。

（3）电源

电源应尽量靠近泵站，可降低电能的消耗，提高供电效率。

对于不允许中断供水的泵站，应有两个外部独立电源，要求每一个电源均能承受泵站所需的全部容量。

（4）自控系统

根据水泵站工艺流程及总平面布置，结合水泵电机控制中心柜的位置和供配电范围，按控制对象的区域、设备量，以就近采集和单元控制为划分区域的原则，水泵站变配电设置一中央控制室，由可编程控制器（PLC）及自动化仪表组成的检测控制系统—现场控制站（DCS），对泵站各过程进行分散控制；再由通信系统、监控计算机组成的控制系统-控制室，对泵站实施集中管理。

4. 吸水管路与压水管路

吸水管路和压水管路是水泵站的重要组成部分，正确设计、合理布置与安装吸水、压水管路，对于保证泵站的安全运行、节省投资、减少电耗有很大关系。

（1）对吸水管路要求

吸水管路基本要求：①不漏气。吸水管路不允许漏气，否则会使水泵工作发生严重故障。②不积气。水泵吸水管真空度达到一定值时，水中溶解气体就会因内压力减小而不断溢出，积存在管路局部最高点处，形成气囊，影响过水能力，严重时会破坏真空吸水，吸水管停止吸水。③不吸气。吸水管路进口淹没深度不够时，由于进水口处水流产生旋涡，吸水时带进大量空气，严重时也将破坏水泵正常吸水。

因此，一般对吸水管路有如下要求：

1）一般采用钢管，因钢管强度高，密封性好，便于检修补漏。

2）应尽量减少吸水管长度，少用管件，以减少吸水管水头损失，减少埋深。吸水管进口在最低水位下的深度不应小于0.5m。

3）吸水管路应有沿水流方向连续上升的坡度i，一般大于0.005，以免形成气囊。

4）当吸水井水面高于水泵的轴线或采用公共吸水管时，在吸水管上应设置闸阀，以利于切换水泵和便于检修。当水泵从压力管引水启动时，吸水管应装有底阀。

5）当水泵允许采用灌水方法时，应设排气阀。

6）吸水管的断面一般应大于水泵吸水口的断面，减少管路水头损失，吸水管路上的变径管应采用渐缩管，并保持渐缩管上边成水平，以免形成气囊。吸水管进口通常采用喇叭口形式。

7）吸水管设计流速一般应为：

$$DN < 250mm, v = 1.0 \sim 1.2m/s$$
$$DN \geqslant 250mm, v = 1.2 \sim 1.6m/s$$

（2）对压水管路要求

1）泵房内压水管路经常承受高压（尤其当发生水锤时），所以要求坚固而不漏水。通常采用钢管。并尽量采用焊接接口，但为便于拆装与检修，在适当地点可设置法兰接口。

2）为安装方便和避免管路上的应力传至水泵，在吸水管路和压水管路上，可以设置柔性接口、伸缩接头或可曲挠橡胶接头。

3）为了承受管路中的压力造成的推力，在一定部位（各弯头处）应设置专门支墩和拉杆。

4）压水管路不允许水倒流时，应设置止回阀。

5）压水管路设计流速一般应为：

$$DN < 250mm, v = 1.5 \sim 2.0m/s$$
$$DN \geqslant 250mm, v = 2.0 \sim 2.5m/s$$

5. 水锤及其防护与水泵日常运行维护

（1）停泵水锤

在压力管道中，由于流速剧烈变化而引起一系列急剧压力交替升降的水力冲击现象，称为水锤。离心泵本身供水均匀，正常运行时在水泵和管路系统中不会产生水锤危害。一般操作规程规定，在停泵前需将压水阀门关闭，使正常停泵不会引起水锤。

水锤通常指停泵水锤。它是指水泵机组因突然停电或其他原因，造成开阀停车时，在水泵及管路中水流速度发生递变而引起的压力递变现象。压水管路中的水，在断电后的最初瞬间，主要靠惯性作用，以逐渐减慢的速度，继续向高位水池方向流动，然后流速降至零。在重力水头作用下，管道中的水开始向水泵倒流，流速由零逐渐增大，由于管道中流速的变化而引起水锤。

发生突然停泵原因可能有：

1）由于电力系统或电气设备突然发生故障，人为的误操作等致使电力供应突然中断。

2）雨天雷电引起突然断电。

3）水泵机组突然发生故障，如联轴器断开，水泵密封环被咬住，致使水泵转动发生困难而使电机过载，由于保护装置的作用而将电机电流切断。

4）在自动化泵站中由于维护管理不善，也可能导致机组突然停电。

（2）水锤的危害

一般停泵水锤事故会造成"跑水"或停水等现象；事故严重时，会造成泵房淹没，设备损坏，伤及操作人员；有时还会引起次生灾害等。

（3）防止水锤的措施

1）防止管道内降压过大的措施：①优化出水管路布置；②设置调压室、空气室。

2）防止管道内升压过高的措施：①安装水锤消除器；②尽量取消逆止阀；③安装自动缓闭水力闸阀。

3）还可考虑采用增加管道直径和壁厚，选择机组飞轮力矩大的电机，减少管路长度，以及设置安全膜片等措施。

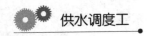

（4）日常运行维护

做好水泵机组的维修与养护工作是十分必要的，通过对水泵的日常维护，可以及时发现水泵的事故隐患并加以排除，恢复其正常工作性能，延长使用寿命。水泵的维护包括日常保养、定期保养、小修和大修。日常保养主要指水泵部件及管道的养护和防腐保洁；定期保养是指每隔一段时间由专业人员进行一次全面养护；小修是每年根据运行情况进行一次检查维修，通常称为岁修；大修是指每隔几年对水泵解体，进行仔细清洗检查的全面检修。由于各地机组情况、运行条件和正常维护检修的水平各异，大修周期可根据实际情况确定。

第六章

计算机基础

第一节 硬 件

1. 计算机的分类

按照计算机的便携与否分为台式机与笔记本。

按照组装方式的不同，计算机又可分为品牌机与兼容机。品牌机和兼容机都是组装的计算机。知名的品牌机有 DELL 戴尔、Lenovo 联想等。

兼容机是显示器、键盘、鼠标、音箱、CPU、主板、内存、硬盘、显卡等单件产品组装成的计算机。

计算机的组成如图 6-1 所示。

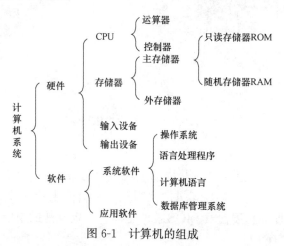

图 6-1 计算机的组成

2. 计算机的硬件组成 (图 6-2)

以台式机为例介绍计算机的组成：

计算机硬件通常由主机、显示器、键盘、鼠标和其他外部设备（如打印机、音箱、扫描仪等）五个功能部件组成。

图 6-2　计算机硬件

（1）主机

主机是计算机的核心部件，是计算机的大总管。主机安装在主机箱内，在主机箱内有主板、CPU、内存、硬盘、光驱、软驱、电源和显卡、声卡、网卡等。如图 6-3 所示。

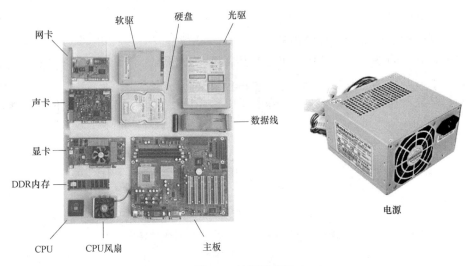

图 6-3　计算机主机

（2）主板

又称为系统板或母板，是微机内最大的一块集成电路板，是主机的骨架，大多数设备都得通过它连在一起；它是整个计算机的组织核心。目前生产主板的有 Intel 和 AMD 两家公司，主板的兼容性、扩展性及 BIOS 技术是衡量主板性能的重要指标。

（3）中央处理器（CPU）

中央处理器是主机的心脏，统一指挥调度计算机的所有工作。CPU 的运行速度直接决定着整台计算机的运行速度。世界上生产 CPU 的公司主要有 Intel 和 AMD 两家公司。人们常说的双核处理器（Dual Core Processor）是指在一个处理器上集成两个运算核心，而不是主机内有两个 CPU。

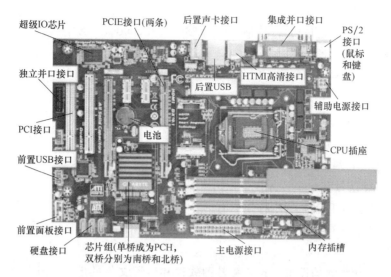

图 6-4 计算机主板

图 6-5 计算机 CPU

（4）内存

是计算机的记忆装置，是工作过程中贮存处理数据信息的地方。与主板、CPU 一起并称为计算机的三驾马车。

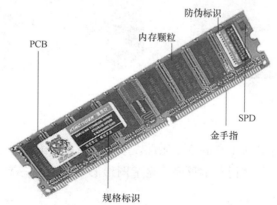

图 6-6 计算机内存

内存分 SD、DDR、DDR2、DDR3、DDR4。

区别：1）频率不一样。

DDR 的频率最高只到 400，频率一般为 266、333、400；

DDR2 是从 533 开始的，频率为 533、667、800、1066；

DDR3 的工作频率是 1066 以上，常见的有 1066、1333 和 1600；

DDR4 的工作频率是 2133 以上。

2）金手指的数量不一样。

3）插口不一样，这个是最容易区别的。

SD 的内存条有两个"牙齿"；

DDR 的内存条只有一个"牙齿"，且偏向一边；

DDR2、DDR3、DDR4 的内存条只有一个"牙齿"，且偏向中间。

内存常见的品牌有：三星、金士顿、威刚、黑金刚、宇瞻、海盗船等。

（5）硬盘

是存储程序和数据的设备，是安装各种软件和存贮文件的地方，相当于主机的肚子。硬盘容量越大，存贮的东西就越多。

硬盘常见转速：5400，7200

硬盘常见容量：500G，1T，2T…

硬盘的品牌有：西部数据，希捷，日立等。

图 6-7　计算机硬盘

（6）显卡

是连接显示器和计算机主板的重要元件，承担输出显示图形的任务。显卡对从事专业图形设计的人和游戏玩家来说非常重要。显卡图形芯片供应商主要包括 AMD（ATI）和 Nvidia（英伟达）两家。

（7）光驱

用来读写光碟内容的机器。目前，光驱可分为 CD-ROM、DVD-ROM、刻录机和蓝光机等。

| 新的ATI Logo | Nvidia Logo |

图 6-8　计算机显卡

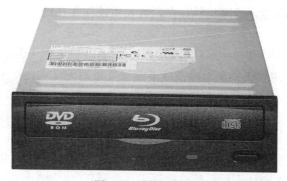

图 6-9　计算机光驱

（8）显示器

是计算机所必需的输出设备，用来显示计算机的输出信息。目前多为液晶显示器可分为普通屏和宽屏。

（9）附属设备

键盘是微机中不可缺少的输入设备，目前普遍使用的有 101 键、104 键和 108 键等几种形式，101 键的键盘没有 Windows 菜单快捷键。几种键盘的主要差别是功能键的多少，不影响使用。常用

图 6-10　计算机显示器

的键盘接口类型有三种：一个是 PS/2（也就是通常说的圆口）；一个是 USB 接口；一个是无线（蓝牙）。

鼠标是一种指点式设备，分为机械鼠标和光电鼠标，常见的鼠标接口有 PS/2、USB、无线三种类型。

图 6-11　计算机键盘、鼠标

3. 硬件问题

常见硬件问题表现如下：

（1）灰尘问题

空气中的尘埃是计算机的一大杀手，使用一段时间后就可能因主板等关键部件积尘太多而出现故障。常见的表现为电脑运行过慢，运行中莫名其妙死机重启等。所以，对使用了较长时间的计算机，应进行清洁，用气枪或者毛刷轻轻刷去主板、外设上的灰尘。如果灰尘已清扫掉，或无灰尘，故障仍然存在，就表明硬件存在别的问题。

（2）电源问题

机箱电源如果坏了，直接导致开机无反应，或者开机运行一会后不停地频繁地自动重启。CPU 电扇坏了，也会因温度过高造成不停频繁重启的现象，严重会烧坏主板。

（3）内存问题

一开机就听到机箱发生长鸣的"嘟嘟"声，就可以肯定内存条没有完全插到卡槽内，重新拔插即可解决。运行时如突然跳出蓝屏，代码提示如"0x0000008e（…，0xc0000000）"可能原因是内存跟主板不兼容，或内存条金手指氧化。可将内存条拿出，用橡皮擦擦拭金手指。如还不行，建议换新内存条试试。

（4）硬盘问题

硬盘如频繁地进行读写操作，时间长就会容易产生坏道，轻则读取文件缓慢，重则文件丢失，无法找回。

（5）显卡问题

常见表现为花屏、黑屏、开机不显示等。可重新拔插或换新的一试。

（6）主板问题：修或者直接换新电脑。

一般硬件问题的初步判断的方法为"望、闻、问、切"。望就是看的意思，即打开机箱看看有无灰尘，观察系统板卡有无松动，电阻、电容引脚是否相碰，表面是否有烧焦痕迹，芯片表面是否开裂，数据线或电源线有无插牢插对等。闻即辨闻主机、板卡中是否有烧焦的气味，便于发现故障和确定短路所在地。问即询问在事故发生前的操作，有无异常发生。监听电源风扇、软/硬盘、显示器等设备的工作声音是否有异响。切就是摸的意思，即用手按压主板上的部件，看其是否松动或接触不良。另外，在系统运行时用手触摸或靠近 CPU、显示器、硬盘等设备的外壳根据其温度可以判断设备运行是否正常；用手触摸一些芯片的表面，如果严重发烫，可怀疑该芯片已损坏。

第二节 软 件

1. 操作系统

操作系统是管理计算机硬件与软件资源的程序。目前常见的操作系统有 DOS、UNIX、LINUX、Windows、Netware 等。

目前主流 Windows 操作系统包括：Win7、Win10 等。

图 6-12 Win 7 系统

图 6-13 Win 10 系统

2. 应用系统

用户直接使用的软件通常为应用软件，而应用软件一般是通过操作系统来指挥计算机硬件完成其功能的。操作系统是平台，是运行应用软件的基础，没有操作系统的平台，应用软件是无法运行的。实际上我们使用计算机时，并不直接使用计算机的硬件，而是应用软件。我们使用应用软件，由应用软件在"幕后"与操作系统打交道，再由操作系统指挥计算机完成相应的工作。

应用软件由计算机专业人员为满足人们完成特定任务的要求开发的，这些软件通常以特定的操作系统作为其运行基础（称应用平台）。我们最常用的应用软件有文字处理、电子表格、数据库应用系统、图形图像处理软件等。

第三节 计算机相关知识点

1. 计算机病毒

（1）名词解释

编制或者在计算机程序中插入破坏计算机功能或者破坏数据，影响计算机使用并且能够自我复制的一组计算机指令或者程序代码。

（2）产生的原因

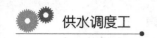

现在流行的病毒是由人为故意编写的，多数病毒可以找到作者和产地信息，从大量的统计分析来看，病毒作者的目的是：一些天才的程序员为了表现自己和证明自己的能力，不管是有心还是无意，结合因政治、经济、军事等方面的利益需求而专门编写的，其中也包括一些病毒研究机构和黑客的测试病毒。

（3）特点

寄生性：计算机病毒寄生在其他程序之中，当执行这个程序时，病毒就起破坏作用，而在未启动程序前是不易被人发觉的。

传染性：传染性是病毒的基本特征，一旦病毒被复制或产生变种，其速度之快令人难以预防。计算机病毒会通过各种渠道从已被感染的计算机扩散到未被感染的计算机，在某些情况下造成被感染的计算机工作失常甚至瘫痪。

潜伏性：有些病毒像定时炸弹一样，让它什么时间发作是预先设计好的。比如黑色星期五病毒，不到预定时间一点都觉察不出来，等到条件具备的时候一下子就爆炸开来，对系统进行破坏。

隐蔽性：计算机病毒具有很强的隐蔽性，有的可以通过病毒软件检查出来，有的根本就查不出来，有的时隐时现、变化无常，这类病毒处理起来通常很困难。

破坏性：计算机中毒后，可能会导致正常的程序无法运行，把计算机内的文件删除或受到不同程度的损坏，通常表现为增、删、改、移。

（4）种类

病毒命名的一般格式为：＜病毒前缀＞.＜病毒名＞.＜病毒后缀＞

系统病毒：系统病毒的前缀为 Win32、PE 等。这些病毒是感染 windows 操作系统的 *.exe 和 *.dll 文件，并通过这些文件进行传播，如 CIH 病毒。

蠕虫病毒：蠕虫病毒的前缀是 Worm。这种病毒是通过网络或者系统漏洞进行传播，大部分蠕虫病毒都有向外发送带毒邮件，阻塞网络的特性，如冲击波（阻塞网络）、小邮差（发带毒邮件）等，典型病毒如超级火焰/勒索病毒等。

图 6-14　超级火焰

脚本病毒：脚本病毒的前缀是 Script。脚本病毒是使用脚本语言编写，通过网页进行传播的病毒，如红色代码（Script.Redlof），还有如下前缀：VBS、JS（表明是何种脚本编写的），如欢乐时光（VBS.Happytime）等。

宏病毒：宏病毒也是脚本病毒的一种，由于它的特殊性，单独算成一类。宏病毒的前缀是 Macro。这类病毒的共有特性是能感染 OFFICE 系列文档，然后通过 OFFICE 通用模板进行传播。

木马病毒、黑客病毒：木马病毒其前缀是 Trojan，黑客病毒前缀一般为 Hack。木马病毒是通过网络或者系统漏洞进入用户的系统并隐藏，然后向外界泄露用户的信息，而黑客病毒则有一个可视的界面，能对用户的电脑进行远程控制。木马、黑客病毒往往是成对出现的，即木马病毒负责侵入用户的电脑，而黑客病毒则会通过该木马病毒来进行控制，如 QQ 尾巴 Trojan. QQ3344，还有比较多的针对网络游戏的木马病毒。病毒名中有 PSW 或者 PWD 之类的一般都表示这个病毒有盗取密码的功能。

后门病毒：后门病毒的前缀是 Backdoor。这类病毒的共有特性是通过网络传播，给系统开后门，给用户电脑带来安全隐患。典型病毒如灰鸽子等。

病毒种植程序病毒：这类病毒的共有特性是运行时会从体内释放出一个或几个新的病毒到系统目录下，由释放出来的新病毒产生破坏。如：MSN 射手（Dropper. Worm. Smibag）等。

破坏性程序病毒：破坏性程序病毒的前缀是 Harm。这类病毒的共有特性是本身具有好看的图标来诱惑用户点击，当用户点击这类病毒时，病毒便会直接对用户计算机产生破坏。如：杀手命令（Harm. Command. Killer）等。

（5）传播途径及危害级别

主要传播途径：

1）不可移动的计算机硬件设备传播

如利用专用集成电路芯片（ASIC）进行传播。这种计算机病毒虽然极少，但破坏力却极强，尚没有较好的检测手段对付。

2）移动存储设备传播

如通过可移动式磁盘包括软盘、U 盘、移动硬盘、光盘等进行传播。

其中 U 盘是使用广泛、移动频繁的存储介质，因此也成了计算机病毒寄生的"温床"。盗版光盘上的软件和游戏及非法拷贝也是传播计算机病毒主要途径。随着大容量可移动存储设备如移动硬盘、可擦写光盘、磁光盘（MO）等的普遍使用，这些存储介质也将成为计算机病毒寄生的场所。

硬盘是数据的主要存储介质，因此也是计算机病毒感染的重灾区。硬盘传播计算机病毒的途径体现在：硬盘向软盘上复制带毒文件，带毒情况下格式化软盘，向光盘上刻录带毒文件，硬盘之间的数据复制，以及将带毒文件发送至其他地方等。

3）网络传播（互联网，局域网）

如网络是由相互连接的一组计算机组成的，这是数据共享和相互协作的需要。组成网络的每一台计算机都能连接到其他计算机，数据也能从一台计算机发送到其他计算机上。

如果发送的数据感染了计算机病毒，接收方的计算机将自动被感染，因此，有可能在很短的时间内感染整个网络中的计算机。

危害级别可以分为一星、二星、三星、四星、五星。

★威胁级别：差

病毒只会在本机传播，如一些玩笑程序，不会对系统造成影响或者轻微影响，如熊猫烧香原版。

★★威胁级别：中

病毒会在局域网上传播，对系统有轻微或中等影响，会耗用网路资源，如代理木马及

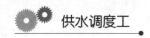

其变种。

★★★威胁级别：强

病毒具有有限的 internet 传染力，对系统造成较厉害的影响，大量耗用网络资源。

★★★★威胁级别：超强

病毒拥有主动攻击，对系统造成很厉害的影响，堵塞网络。

★★★★★威胁级别：几乎无敌

病毒会造成系统崩溃，对系统造成毁灭性的打击，频繁蓝屏，如熊猫烧香变种，遇到此类需谨慎。

（6）中毒后的常见症状

1）计算机系统运行速度减慢。

2）计算机系统经常无故发生死机。

3）丢失文件或文件损坏，无法正确读取、复制或打开。

4）应用程序无法运行打开。

5）Windows 操作系统无故频繁弹出错误。

6）系统异常重新启动。

7）异常要求用户输入密码。

（7）防范措施

1）建立良好习惯

对一些来历不明、不熟悉、有怀疑的邮件、文件及图片不要轻易打开，不要上一些不太了解的网站、不要执行从 Internet 下载后未经杀毒处理的软件等，勤用杀毒软件先查杀 U 盘再使用等。

2）掌握病毒知识

及时掌握新病毒并采取相应措施，在关键时刻使自己的计算机免受病毒破坏。

3）升级安全补丁

大多网络病毒是通过系统安全漏洞进行传播的，像蠕虫王、冲击波、震荡波等，我们应该及时下载最新的安全补丁，以防患未然。

4）使用复杂密码

许多网络病毒就是通过猜测简单密码的方式攻击系统的，因此使用复杂的密码，将会大大提高计算机的安全系数。

5）安装专业杀毒软件

在病毒日益增多的今天，使用杀毒软件进行防毒，是越来越经济的选择，不过在安装了反病毒软件之后，应该经常进行升级、将一些主要监控经常打开（如邮件监控）、内存监控等，这样才能在一定程度上保障计算机的安全。

2. 注册表

注册表（Registry）是 Windows 中的一个重要的数据库，用于存储系统和应用程序的设置信息。

对应用软件来说，注册表保存关于缺省数据和辅助文件的位置信息、菜单、按钮条、窗口状态和其他可选项。它同样也保存了安装信息（如日期），安装软件的用户，软件版本号和日期，序列号等。根据安装软件的不同，包括的信息也不同。

进入注册表的方法：开始—运行—输入 regedit

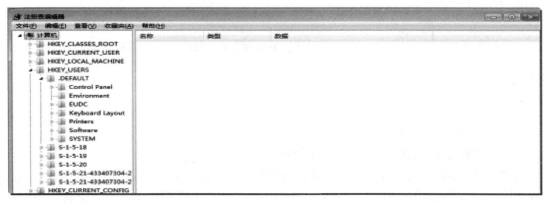

图 6-15　注册表

3. 驱动

驱动程序（简称驱动）即添加到操作系统中的一小块代码，其中包含有关硬件设备的信息。有了此信息，计算机就可以与设备进行通信。可以说没有驱动程序，计算机中的硬件就无法工作。驱动程序是硬件的一部分，当你安装一个原本不属于你电脑中的硬件设备时，系统就会要求你安装驱动程序，将新的硬件与计算机系统连接起来。驱动程序扮演着沟通的角色，把硬件的功能告诉计算机系统，也将系统的指令传达给硬件，使其工作。

在 Windows 系统中，需要安装主板、显卡、声卡等一套完整的驱动程序。如需外接别的硬件设备，则还应安装相应的驱动程序，如打印机要安装打印机驱动，上网或接入局域网要安装网卡驱动等。

4. 任务管理器与设备管理器

（1）Windows 任务管理器提供了有关计算机性能的信息，并显示了计算机上所运行的程序、进程及网络的详细信息。以 win10 为例，它的用户界面提供了文件、选项、查看等三大菜单项，还有进程、性能、应用历史记录、启动、用户、详细信息、服务等七个标签页。

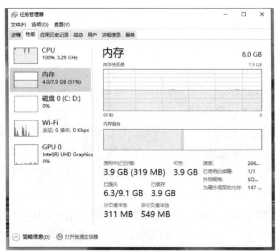

图 6-16　任务管理器

最常见启动任务管理器的方法：Ctrl＋Alt＋Del 或者右击任务栏的空白处，然后单击选择"任务管理器"。

（2）设备管理器

设备管理器是一种管理工具，可用它来管理计算机上的设备。查看设备管理器的几种方法（不同操作系统略微有所不同，此处以 win10 为例）：

方法一："此电脑"→右键→属性→设备管理器

方法二：直接在搜索栏搜索"设备管理器"

方法三："开始"→Windows 系统→运行→devmgmt.msc

作用：查看计算机的配置，查看所安装的硬件设备是否正常运作，设置设备属性，安装或更新驱动程序，停用或卸载设备。

5. 系统垃圾

系统垃圾指系统不再需要的文件统称。

如浏览过网页，操作过 Office 办公软件，或安装后又卸载掉的程序文件，都会产生垃圾，这些对系统毫无作用的文件会给系统增加负担。

垃圾文件小到几个 K，大到几个 G，都将占用硬盘容量。最典型例子就是 C 盘容量不大的情况下，把软件都安装在 C 盘，一旦产生大量垃圾文件，C 盘的空间将急剧变小（一般只剩下几百 M。正常情况下，系统盘 C 盘剩余容量起码预留 1G 以上），直接后果是运行速度非常缓慢（排除病毒因素）。

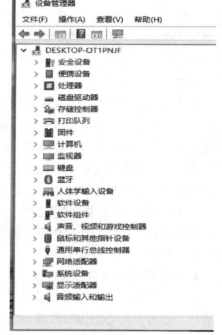

图 6-17　设备管理器

清理系统垃圾文件有以下几种方法：

方法一：在盘符（如 C 盘）右击－属性－磁盘清理。

方法二：用软件清理，如 360，优化大师，超级兔子等。

方法三：用批处理命令一键清理。

6. Ghost

英文 Ghost 是幽灵的意思。现在提到的 Symantec Ghost（克隆精灵），是美国赛门铁克公司旗下一款出色的硬盘备份还原工具。

为避免操作系统原始完整安装的费时和重装系统后驱动应用程序再装的麻烦，一般都把做好的干净系统用 Ghost 来备份和还原，使系统安装变得更简单。

人们常说的一键 Ghost、还原精灵等，就是 Ghost 的一种应用。

7. 桌面文件及快捷方式

把文件放在桌面虽然直观，使用方便，但也带来一系列问题。首先，放在桌面的文件是占用系统盘（C 盘）容量，C 盘一旦容量不足，不是用清理系统垃圾就能腾出容量来的。其次，放在桌面的文件，容易被别人误删。最后，给 Ghost 系统造成不便，系统在

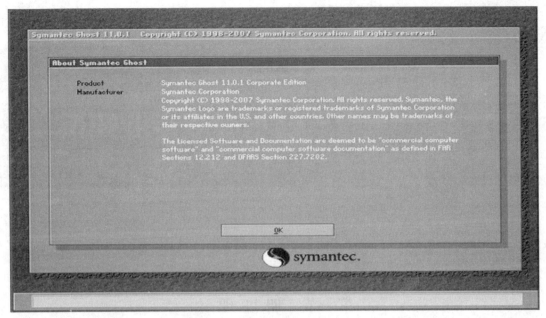

图 6-18　Ghost 工具

进得去的情况可先将桌面的文件移掉再还原，但当系统无法进入或病毒把 C 盘格式化了，数据就看不到也找不回来了。

为避免以上问题，可以采取以下方法：

方法一：把文件放在除 C 盘以外的其他盘，然后创建快捷方式到桌面。

方法二：使用 360 或转移文件工具把放在桌面上的文件全转移到除 C 盘以外的其他盘。

因此，使用计算机就要养成良好的使用习惯，"6S"管理也同样适用于计算机。

第七章

供水调度专业知识

第一节　调度理论

1. 调度概念及分类

调度的概念定义众多，按一般理解可定义为"为了保证生产、运行系统安全、合理经济地运行所采取决策的集合"。通俗地说，调度就是在生产活动中指挥生产控制的过程，是一个动态的系统，它是实现成本控制的一个重要手段。广义的调度概念同有计划、有组织的科学管理是同义的。

生产活动是企业一切活动的基础，而供水调度工作在供水企业生产供应起着统帅、中心的作用，其工作的质量好坏严重影响企业信誉和生产成本。

城市供水行业的生产系统一般有源水调配环节、水厂制水环节、管网输送水环节及泵站供水环节等四个方面。上述说明，供水企业生产过程不同于其他行业，它集产、供、销于一体，同时发生，同时存在，任何一环节的失控都将造成生产系统的中止运行。

按供水企业生产过程的特殊性，其总调度管理可划分为四个方面：一是源水调度；二是水厂调度；三是管网调度；四是泵站调度，每一系统的调度不能独立存在，它必须在一个机构协调下所共存，即总调度（或叫中心调度）。

调度如果按照其职能划分，可分为一级调度和二级调度。一级调度指公司调度，即总调度，负责所有调度工作；二级调度指在总调度下分设源水调度、水厂调度、管网调度和泵站调度。目前，全国大、中型城市自来水公司普遍采用此模式；部分城市自来水公司实行总调度直接全面控制，即一级调度方式；少数城市自来水公司采用三级调度方式，这主要是管理机构设置的原因。

2. 调度管理的职责

（1）总调度

总调度是生产的最高指挥机构，是计划、生产、销售、售后服务、统计、信息反馈等部分或全部功能实施的核心。供水企业生产的特点是产和供相连，既是消费又是产生的延续，但需方用量变动频繁，若要产供平衡，必须依靠总调度协调；必须通过调整供水状态和管网有关环节，维持供水水压；大中城市均为多水源、多泵房系统，更需要集中综合协调，加强供水的现代化管理；合理调度以降低能耗，使供水系统经济运行，具有现实和长远意义；协调生产的辅助部门，使之更好地为生产服务。

总调度管理的主要内容：

1）根据用户用水规律合理分配供水量与水压，拟定不同供水情况下的应急措施和方案。

2）制定水厂生产任务，预测全年最高日、最高时和平均供水量。

3）合理规划管网服务点控制压力指标，经批准后作参考依据。

4）管道检修应有预案，不能影响企业和居民等正常生活用水，对不能断水的用户，应提前发出停水通知。

5）在满足管网服务点控制压力基础上进行水厂间、泵站间的动态组合优化经济运行，做好综合平衡。

6）填写运行报表和调度日志，运用系统记录管网压力、水量、水质数据。

7）加强岗位培训，提高人员素质和调度服务水平。

（2）原水调度

原水调度指以水库水源、江河水源、湖泊水源等互补联合供水的格局，调度员对多水源水量切换、水量分配与配送等进行调度。

原水调度管理的主要内容：

1）负责做好原水综合调度工作；

2）负责水源污染、抗咸、抗旱等应急调度工作；

3）合理安排生态调水工作；

4）协助做好防汛防台的指挥调度工作。

（3）水厂调度

水厂调度指对本水厂内取水、送水机组开、停甚至涉及提升泵站机组开停及净水原材料投加、沉淀、过滤、消毒等整个净水工艺生产过程各环节的指挥。根据水厂生产计划指标和用水需求，协调各个生产控制环节，保证制水量；合理调配送水机组，控制水厂出口水压在总调度需求的压力范围。

水厂调度管理的主要内容：

1）根据总调度指令，开启机组和调整制水量。

2）按实际需求，合理调配制水。

3）负责各设备、各工艺段的控制与药剂投加调节；做好设备巡、点检工作等。

4）及时做好预防性检查及应急抢修计划并监督实施，掌握送水机组的运行状况，保证其正常运行，确保生产正常。

5）定期组织技术人员对机组运行效率进行测定，为经济运行提供依据。

6）进行生产情况汇总，形成记录。

7）组织故障抢修，在最短时间内恢复生产。

8）协助做好应急指挥调度工作。

（4）管网调度

管网调度指调度员对输、配水管网调整的指挥，包括管网故障的组织抢修。其管理的主要作用：确定各水压控制点的服务压力，满足全地区的正常供水需求，使管网服务压力均衡；指挥管网故障的抢修，确保管网安全运行。

管网调度管理的主要内容：

1）负责供水管网流量、压力、水质的实时监控与调节。做好异常信息的分析，提出处置建议并督促落实。

2）负责供水管网流量、压力、水质在线监测设施的日常监管，并根据管网布局与运行状况提出完善配置建议。

3）根据分区计量数据分析，掌握用户用水情况及变化规律，协助做好供水产销差的控制工作。

4）负责供水管网突发性事件的应急处理和指挥调度工作。

（5）泵站调度

泵站调度指调度员对输、配水管网进行中途加压的指挥。其管理的主要作用：通过中途加压，满足全地区的正常供水需求，使管网服务压力均衡；另外，二次供水泵站调度以住宅区为单元进行加压控制，满足小区用户用水，并不得影响周边城镇供水管网压力。

泵站调度管理的主要内容：

1）负责各中途加压泵站供水调度工作；

2）负责以住宅区为单元的加压控制，满足小区用户用水；

3）负责各泵站影响供水的设备计划修理审批工作，并做好指挥调度工作；

4）负责泵站重要生产运行数据的在线监测工作。

3. 调度管理的原则

调度管理总体以安全、高效、经济为原则。以安全为原则，是要确保区域范围内供水系统安全、足压、优质供水；以高效为原则，是以充分利用信息技术手段，实现灵活、及时、高效地处理供水调度过程中出现的各类问题；以经济为原则，是在不断总结运行调度经验基础上，优化供水调度方案，确保经济实用。具体各层级调度原则如下：

（1）总调度的原则是供需平衡，经济运行。其含义是保证服务，满足需求，取得社会效益和经济效益的双提高。保证供需平衡的手段是根据市区供水区域划分所确定的压力范围，使管网压力控制点的压力和各水厂的出口压力相对稳定。供水区域内各水厂取水水源不同，供水范围也不一样，使得各水厂供水成本也不一样，因此在满足市区管网压力的基础上又存在水厂间的最优经济组合运行方案。而经济运行是供水企业降低成本、提高经济效益的根本保证，灵活调整、合理运行是实现优化调度的重要手段。

（2）原水调度的原则是合理分配，互补联合。在多水源供应的情况下，当各水源水量充足时，应综合考虑原水水价、输水成本、制水成本、供水区域管网连通等因素，确定主要供水水源；当水源水量不足，或部分水源水质受影响的情况下，应考虑水源联合供水，确保下游用水需求。

（3）水厂调度的原则是产供平衡，降低成本。供是送水，是受市场用户需求限制的；产是制水，是受送水限制的；而社会需求是动态的，若要制水有一定的稳定性，必须具备一定的调蓄能力的设施，如调节水池、水库等。供水行业是一个特殊行业，而自来水更是一种具有特殊地位的食品，其性质决定了其必须保证用户对水质、水压、水量的要求。

作为供水企业，在保证社会效益的同时，也要尽可能提升企业的经济效益，降低成本。提高经济效益的主要途径：合理调度是降低电耗的有效手段，电耗在供水企业的成本中占很大的比例，应在实际中对水泵等机组设备运行效率进行统计分析基础上，选择最佳机组配备。

（4）管网调度的原则是压力均衡，减少爆漏。压力均衡是指根据管网流量、控制压力、等压线、漏损率等技术参数，使市区供水区域内压力相对均衡。环状管网供水方式是实现压力均衡的最佳供水方式。减少爆管及泄漏是降低漏损率的主要手段之一，它与压力均衡是相辅相成的，压力均衡稳定是减少管网漏水的保证。

（5）泵站调度的原则是合理调配，节约能耗。充分利用上下级泵站余能、调蓄水池水位控制以及泵站内水泵的合理调配，满足下一级供水需要，同时尽可能降低泵站的能耗。

4. 调度管理的权限

（1）总调度为公司供水调度指挥部门，未经公司领导授权或批准，任何单位（部门）和个人不得随意指挥、干涉、违反正常的供水调度工作。

（2）选择管网服务压力参考点和调整管网服务压力控制范围应符合实际供水情况，由总调度组织相关部门讨论并提出意见，经公司领导审批后参照执行，任何单位（部门）和个人不得随意变更。

（3）任何单位（部门）和个人未经批准不得擅自在公共供水管网上进行阀门操作、停水、冲洗等施工作业。

（4）总调度、原水调度、水厂调度、管网调度、泵站调度属公司安全重点部位，任何单位和个人未经许可不得擅入，不得私自动用相关系统、设备。

（5）总调度应每年组织制定《高峰供水方案》《防汛抗旱供水方案》等全面评估当年当季供水形势，优化水量调配，确保安全优质供水。

（6）总调度为公司供水调度核心管理部门，负责调度指令下发，直至指令任务完成闭环，任何单位和个人不得越权调度中心所发指令。调度指令系统图如图7-1所示。

5. 调度管理的地位

（1）是提高企业社会效益和经济效益的生产指挥中心

城市供水事业的发展，必将促进供水调度工作进一步走向现代化的科学技术管理的新领域。为开拓供水调度工作的新局面，实现供水调度的科学管理，知识更新，必须树立调度在供水生产中指挥生产的地位和权威，建立适应产、供、销各环节统一指挥的生产指挥系统和科学的调度工作制度。

（2）是提高供水企业生产管理部门人员综合素质的培训中心

供水企业要建立具有现代化科学技术知识和丰富实践经验相结合的调度团队及生产管理人员，以适应调度新技术应用的需求，建立一整套生产运行管理体系和人员培训制度。

（3）是提高供水企业设备现代化和信息科技化手段的实践中心

供水企业布设全面的厂网感知设备，建设具有国际先进水平的智慧供水系统，使生产数据的采集、统计、分析和利用，市民的业务办理，城市地形地貌与供水管网等的有机结合，实现系统互联、数据共享，供水调度业务全面信息化、网络化和移动化，推动调度工作水准的不断提高，同时通过建立优化调度的数学模型，实现规律性研究和预测，提升供水企业管理水平。

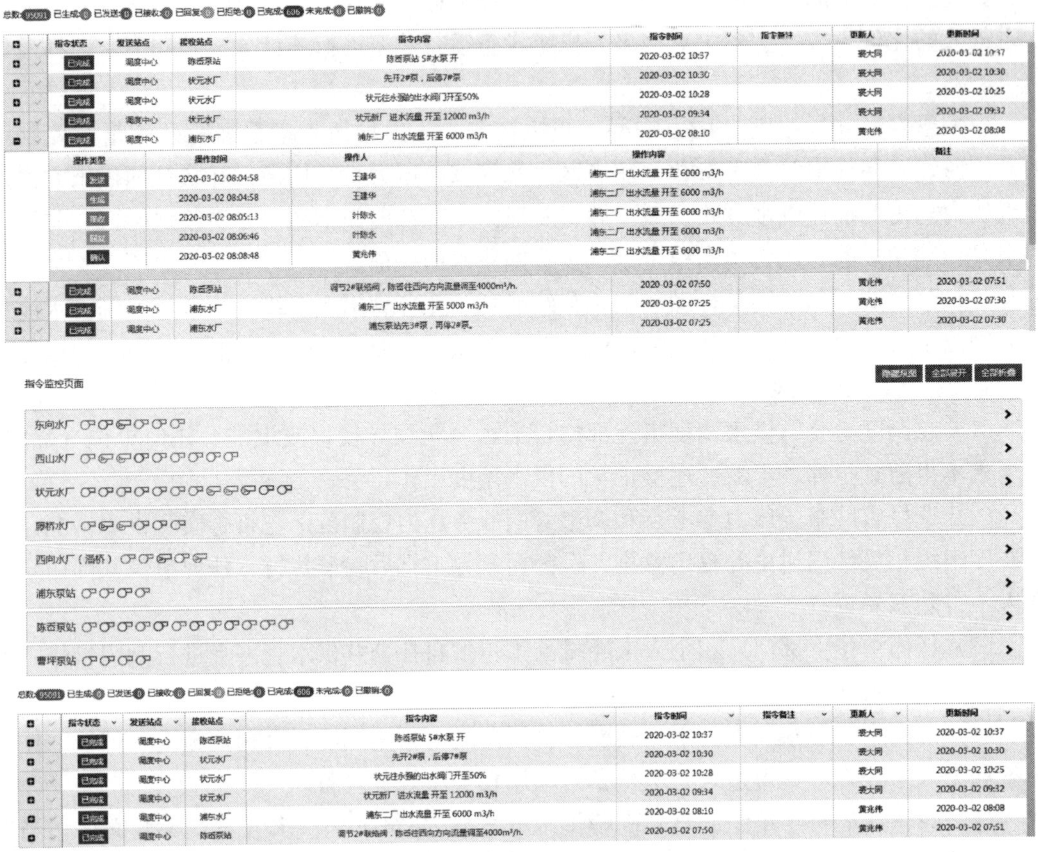

图 7-1　调度指令系统

6. 调度管理的方向

（1）从经验调度向科学调度发展。

（2）从人工调度向智能调度发展。

（3）从单一调度向联合调度发展。

第二节　调度运行

供水调度运行体系一般由水源、水处理、供水管网、供水泵站及用户组成，这样就形成了一个完整的供水系统。而调度运行简单地说就是采集信息、分析决策、指挥运行、实现调度目标的连锁行为。在充分达到水量、水压、水质要求的前提下，尽量使供水系统在总运行中所消耗的费用达到最低，即减少经济损失与浪费。而通过运行监控、运行调度、数据应用、应急调度等多方面管控最终达到调度运行目的。

调度运行一般规定：

（1）供水单位应配备与供水规模相适应的管网运行调度人员、相关的监控设备和计算机辅助调度系统等。

（2）运行调度工作范围为厂网调度，重点在管网调度，包括整个输配水管网和管道附属设施、管网系统内的增压泵站、清水库及水厂出水泵房等。

（3）管网压力监测点应根据管网供水服务面积设置，每 $10km^2$ 不应少于一个测压点，管网系统测压点总数不应少于 3 个，在管网末梢位置上应适当增加设置点数。

1. 运行监控

（1）对水厂、泵站重要生产运行数据的在线监测，供水管网主干管的在线压力、在线流量、在线水质、厂站视频的监测，分区内实时流量总计、压力、流量、水质、开关、远控、水温数据的监控，使调度人员全面掌握区域整体情况和厂管运行情况，为高层管理人员提供决策依据。

（2）监测点、监测区域的实时监测值监控，结合监测点的预警限值进行预警提醒，使调度员快速发现异常点，及时下达调度指令。

（3）以区域为单位，对区域内的总流量及分表流量进行实时在线监控管理，分析出总表和各个分表的变化量和变化趋势是否一致，以达到对该区域流量变化以及漏失情况进行管理的目的。

（4）查看片区实时曲线图和实时分析数据，推断可能存在异常的片区，为进行异常片区的追踪提供依据。通过对异常片区内各监测点在今日、昨日、前日的近半小时内的瞬时流量对比曲线，为进一步确定异常区域追踪提供依据。

（5）各个管网监测点进行定位，多维化的对监测点进行监控、管理，帮助管网维修、巡检人员快速到达故障点，改进调度工作流程，提高调度工作的执行效率。

（6）监控大用户的用水量，并参照昨日用水量和前日用水量推测异常用水。

（7）实时显示报警点位并做到快速定位；汇总各片区内的历史报警记录，为调度人员提供统一报警处理信息平台。

2. 运行调度

（1）水库（清水池）的作用与运用

1）水库（清水池）的作用

顾名思义，水库（清水池）就是用来贮存水的构筑物。我们常见到的水塔、楼顶的水箱、加压泵站的水池等，都叫做水库（清水池）。在供水理论中，把给水系统中用来设置流量调节的构筑物叫做水库（清水池）。

水库（清水池）在城镇供水中的作用：

A. 为了实现以销定产，按需定压，以压调水，在供水不足的情况下，把有限的、宝贵的水资源充分得到开发和利用，实行"高峰多送，低峰多存"的供水原则。即在低峰时间满足用水需求的情况下，把多余的水量，用水库（清水池）的调节能力贮存起来，这就是水库（清水池）的流量调节作用。

B. 水厂调度的原则是产供平衡，其含义就是需要多少，生产多少。但对于生产工艺来说，则要求是稳定的。水库（清水池）因具有流量的调节作用，在一定时间内起到了稳定生产的作用。

C. 水库（清水池）设置的地理位置不同，也有着不同的作用。如净水厂的清水池，由于水的停留时间，使加入的消毒剂更加发挥作用；管网中设置的水塔或高位水池起到调节流量的同时，还起到了稳定服务压力的作用。

D. 当净水厂的取水、净水（生产井）等工艺发生故障时，在短时间内清水池的水量可保证外部的连续用水。

2）水库（清水池）的运用

在水厂调度过程中，经常注意的问题是水库（清水池）的溢流和抽空，这是生产调度工作中的重大供水事故之一。当产大于供时，一般为用水低峰时段，就容易发生水库（清水池）的溢流事故；当供大于产时，即供不应求时，就容易发生水库（清水池）抽空事故。需要依靠先进的监控手段，实时掌握产供变化规律，合理安排生产，做到产供平衡，同时调度员需具备较强的责任心，时刻关注信息变化，确保生产正常，从而避免这类事故的发生。

（2）水量调控

生活用水量随着季节、温度、干旱等气候条件和生活习惯而变化；工业企业用水量则取决于工艺、设备能力、产品数量等因素。总而言之，无论是居民的生活用水还是企业的生产用水，其用水量时时刻刻都在变化，供水系统必须能适应用水量这种变化的供需关系，才能确保用户对水量的需求。作为日常调度人员，需掌握用水变化量及其变化规律，合理调整供水模式，是非常重要和必需的（图7-2～图7-5）。

图 7-2　供水量预测分析

备注：根据水表历史数据的变化规律，结合天气、温度等情况，预测出该水表在未来一段时间内的水量变化趋势，帮助调度员提前了解供水量变化趋势，做好调度计划。

图 7-3　设定时间段水量预测

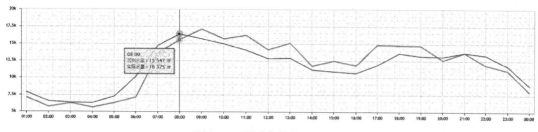

图 7-4　预测水量实际对比图

备注：查看对比曲线。点击一条水量预测记录，下方曲线分析区域绘制出此条记录的实际水量和预测水量随时间变化的曲线。

时间	预测水量(m³)	实际水量(m³)	差值(m³)	差值比例
01:00	6430	7356.0	-926	12.59%
02:00	5182	7176.0	-1994	27.79%
03:00	5656	6982.0	-1326	18.99%
04:00	5083	6377.0	-1294	20.29%
05:00	5683	6277.0	-594	9.46%
06:00	6442	7345.0	-903	12.29%
07:00	12349	9975.0	2374	23.80%
08:00	14136	12559.0	1577	12.56%
09:00	15561	14133.0	1428	10.10%
10:00	14263	14280.0	-17	0.12%
11:00	14748	14414.0	334	2.32%
12:00	12830	14277.0	-1447	10.14%
13:00	13734	14177.0	-443	3.12%
14:00	10666	12396.0	-1730	13.96%
15:00	11378	12007.0	-629	5.24%
16:00	10737	12196.0	-1459	11.96%

图 7-5　时间段预测水量对比信息

备注：查看水量对比表。点击一条水量预测记录，右侧表格区域显示每隔一小时此条记录的实际水量和预测水量，并计算出差值和差值比例。

1) 日变化系数

在一定时期内，用来反映每天用水量变化幅度大小的参数叫日变化系数，常用 K_d 表示。其意义可用下式表示：$K_d = Q_d / \overline{Q}_d$

其中：Q_d——最高日用水量，又称最大日用水量，是某一时期内用水量最多一日的用水量；

$\overline{Q}_d$——平均日用水量，是某一时期内总用水量除以供水天数所得的平均数值。

Q_d、$\overline{Q}_d$ 分别代表了某一个时期内最高日内用水量的峰值和均值的大小。因此，K_d

值实质上是显示了一定时期内用水量变化幅度的大小，反映了用水量的不均匀程度。不同的城市，不同的用水性质，K_d 值也不同，其确定可根据长期的调查、研究、统计分析得出。

2）时变化系数

在一天内，用来反映每小时用水量变化幅度大小的参数叫时变化系数，常用 K_h 表示。其意义可用下式表示：$K_h = Q_h / \overline{Q_h}$

其中 Q_h——最高时用水量，是一天内用水最多时段的用水量；

$\overline{Q_h}$——平均时用水量，是一天内总用水量除以 24 小时所得的数值。

K_h 值实质上显示了一天内用水量变化幅度的大小，反映了用水量的不均匀程度。不同的城市，不同的用水性质，K_h 值也不同，其确定可根据长期的调查、研究、统计分析得出。

3）用水量时变化曲线

用来描绘一天内用水量逐时变化的曲线叫用水量时变化曲线。时变化曲线是用来分析用水量的变化规律最简便的、最直观的方法。它与时变化系数一同进行分析，预测来日用水量的变化规律，制定相应的供水方案。

4）用水量预测

城市用水量通常包括居民生活用水、工业用水、机关事业单位用水及绿化、消防等其他方面的用水。其中居民生活用水与季节、天气、生活习惯及社会生产活动等因素相关。尽管城市用水用户数量繁多，用水性质不同，但对整个给水管网系统，用水量的变化还是有规律可循。

通过长期大量的数据统计和分析发现，从短期（小时、日、周）看城市用水量的变化具有周期性、随机性和相对平稳性；从长期（月、年）看城市用水量的变化则具有随机性和明显的趋势化。因此，城市用水量预测一般可分为两大类：长期预测和短期预测。长期预测主要是根据城市经济发展及人口增长速度等因素对未来几年、十几年甚至更长时间的城市用水量做预测，以此为给水系统的改建、扩建及城市供水整体建设规划提供依据。短期预测则主要是根据过去几天、几周的实际用水量记录并考虑影响用水量的各种因素，对未来几小时、一天或几天的用水量做出预测，对于日常调度则以此为管网供水系统优化运行调度提供依据。

对城市短期用水量的影响因素主要有：

A. 天气影响。晴天比阴、雨天用水量大，高温天气较低温天气用水量大，持续干旱用水量增大。

B. 节假日影响。根据城市大小，在节假日时间较长时因居民外出使用水量有所减少，在节假日时间较短时居民用水量有所增加，但工业及其他用水量有所减少，总用水量均表现为减少。

C. 市政供水管网影响。由于市政管网需要检修或抢修等人为因素的影响，会使用水量明显下降，但管网破裂造成管网中的水量流失，而且流失水量无法计算，都包括在总用水量中，会使总用水量有所增加。

5）水量分析

A. 调度员按照岗位职责做好各类水量数据（区域各入口流量、夜间最小流量、大用户表流量等）监控与信息登记工作；发现异常及时分析并立即通知区域分公司进行排查。

B. 区域分公司需做好异常水量数据的分析并查找原因，及时反馈处理结果；结合水量分配情况提交考核表增设计划。

C. 特殊情况下，做好各区域间、区域内水量补充、调配等应急调度工作。

（3）压力管理

管网压力控制是在保证用户正常用水的前提下，通过在管网中安装压力调节设备，根据管网用水量调节管网运行压力，达到降低管网漏损的目的。管网压力控制管理是管网漏损控制的重要技术手段，也是管网运行调度的重要方式之一。合理控制供水管网压力，是减少供水管网漏损的快速和有效的技术方法。

1）压力控制意义

A. 降低漏损：管网剩余压力过高是导致漏损与爆管的重要原因。压力管理与其他一些漏损控制策略相结合能减少大量漏损。当降低管网压力并使其保持在一个稳定的水平时，管网中新的漏损产生的频率也会同步降低。同时也对降低背景渗漏等不可避免的漏失有很好的效果。

B. 减少爆管：通过管网供水压力控制，合理降低管网供水压力，管网的爆管事故率可以控制在 50％以内。对于供水管网来说，这能节省巨额维修费用，同时减小因维修对城市交通等造成的影响。

C. 提升用户满意度：持续、稳定地满足用户水量和水压的需求，并且减少维修管网的次数，能有效提高用户满意度。广大用户可以得到更为稳定的供水服务，也就是用户在用水高峰期和非高峰期具有相同的用水压力，能够节约用户用水量。压力管理在保质保量地供水方面起到了重要作用。

D. 提高经济效益：持续的压力管理可以有效地延长管道的使用寿命，使供水公司的管网资产得以有效利用。同时，由于管网的压力主要是来自水泵加压，降低压力也就是降低水泵能耗，供水企业将能取得更好的经济效益。

2）压力调控技术

应用管网压力控制技术，使输水管网中的供水压力更为接近用户的需要，既可以在高峰用水时通过开大阀门增加管网流量，也可以在管网用水量减小时关小阀门而降低阀门下游管网的供水压力，达到降低管网漏损的效果。通常采取实行管网压力分区管理；选择主控压力点和制定压力控制参考曲线；应用阀门远程控制系统，对区域内供水压力实施平稳调度；实施在线压力监测点优化布置和系统升级改造，实现管网压力 24 小时实时监控等措施。

为了建立科学的供水管网压力控制管理方案，更好地控制给水管网的压力和有效降低管网漏损，通常采用以下几种技术方法：

A. 压力分区管理

为了提高管网压力控制的效率，可以采用管网压力分区管理方法，把供水管网划分为一定数量的供水区域，在每个供水区域进水边界上安装长期运行的流量计以计量其下游管网的流量。必要时，这些流量计处还应安装减压阀，对每个供水区域或一组供水区域进行压力管理，保证管网在最优压力下运行。

管网压力分区的前提条件是用水区域内用水点的地面标高差异较大，供水区域面积较大，用水区域内的水压分布悬殊，水压的分布差异增大，可以分为高压区和低压区，特别是在供水压力过高的地区，区域内的水压维持在较高的水平，非常容易导致漏损流量增大。为此，按照地形的需要采用分区供水方式，能够有效避免供水区域内水压的过高或者过低，从而降低管网的漏失水量，减少供水能量的浪费。在给水管网分区的同时，通过合理的管道配置和压力控制设备的配置，可以从对整个供水区域的压力控制转变为对多个供水区域内的水压管理。因此，高压区及低压区问题就可以解决，而且与分区前相比，还能够改善每个最高值和最低值。另外，可使分区后的每个区域的水压缩小，因此可降低平均水压，均衡用水区水压，这样减少了因为压力过高而导致的管网漏失，减少因水压高而产生的管道事故，增强管网的安全可靠性。

供水分区的边界通常受到区域内的地面标高、地形（江河、铁路等）和道路等的限制。另外，应尽可能考虑不发生管道死水，使管网末梢部分应形成环状。同时，进行给水管网压力分区规划时，应考虑规划要求年限及规划需水量等供水条件。随着时间的推移，分区规划的参数也会发生相应的变化，因此，管网分区规划也要适应管网运行过程中的运行条件变化。

B. 减压阀

供水管网的压力管理一般通过在管网中安装减压阀进行供水压力调节。管网的供水压力来源于水厂泵站和管网压力或流量的调节构筑物。当管网中局部区域（比如靠近水厂出水口的小区）压力过高，远高于用户的正常用水要求时，使用调节阀门控制压力，保证管网正常供水的条件下，降低管网供水压力，可以有效克服因管网压力过高而导致的管网漏损问题。一般情况下，通过减压阀降低的管网漏损流量与给水管网的输水压力成正比，因此减压阀具有改善系统运行工况和潜在节水作用，据统计，其节水效果约为30%。

C. 调流阀

通过安装减压阀将上游高压减至合适压力后恒压运行，但是，由于减压阀导阀一旦出故障极易导致出口压力不稳定，甚至发生串压事故。当区域工业用水户众多，水量波动极大，使用减压阀在区域水量实时调配、应急处置方面也存在较大的不稳定因素。通过安装调流阀可提高供水接口峰值供水能力，并实现不同供水时段流量和压力的动态调整，区域供水服务质量、安全可靠性都得到有效提高。在分区的基础上联合运用减压阀和流量调节阀，可以收到供水节能和降低漏损的双重效果。

D. 优化管网运行压力

合理选择管道运行压力对节约能耗、降低漏水、降低管道强度要求和减少爆管概率均有好处。管网工作压力不宜选得过高，当供水距离较长或地面起伏较大，拟采用较高的工作压力时，宜与分区（串联或并联分区）供水方案进行经济技术比较，并检查流速是否经济合理。管网的工作压力与管线长度和管材密切相关。就管道长度而言，大城市可采取分区供水以减小管线长度，对中小城镇可将供水泵站（或水厂）布置在供水区长轴线的中部使直接供水距离缩短。就管材而言，塑料管内壁光滑，阻力最小，中小管径时可优先选塑料管，较大管径时可选钢管或球墨铸铁管。

管网压力流量控制是以满足区域实际用水量需求为前提，确保各供水区域内的管网服务压力符合供水服务标准，实现优化运行，确保安全和优质供水服务。

E. 防止管网水锤

为了防止或减小管网水锤作用的发生，可以选用闭阀历时 T 大于水击波沿全管长来

回传递一次时间 t 的止回阀。延长水锤切断时间，让水锤波沿系统回路来回传递，降低水锤波压力，把水锤波增压 Δh 限制在管路的耐压极限内。在管路系统上安装水锤吸纳器或消除器可以降低水锤对系统的影响。管网中水泵开停频繁以及阀门开关频繁，就会使管内水流速度不断发生变化，水锤作用连续发生，致使管道损坏。调节泵站输出压力，并且避免频繁开停水泵，这样就使得管网中压力变化波动趋于平缓。

对于危害较大的水柱分离式水锤，即断流水锤，应着重考虑改造管网布置，设法使管道布局不出现几何高度高于水力坡度线的"驼峰"或"膝部"，或在这些点增设补气阀，尽可能防止水柱分离，选用倒流液柱产生之前就能完全关闭的止回阀。对于室内末端用水器具产生的水锤，应采取如下预防措施：放大支管管径，降低流速，尽量减短给水支管长度，如供水压力大于 0.35MPa，要用支管减压阀减压，用小型自动排气阀充分排除管路空气。

3）压力控制指标

为确保优质足压供水、供水管网安全高效运行，通过采取开停水泵或调节阀门，实现管网压力在不同季节、不同时段、不同需求等状况下的有效控制，最终确保管网运行压力科学合理、经济有效，从而满足按需调压、优化调度的管控目标。（图 7-6）

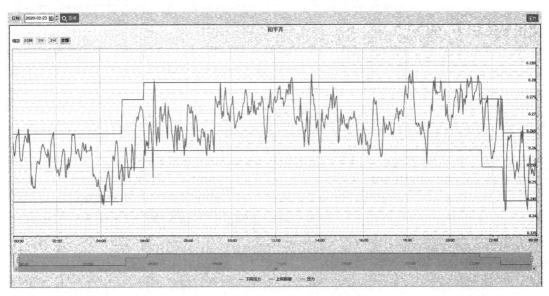

图 7-6　中心点压力控制标准曲线

备注：中心点压力控制标准曲线是 24 小时逐时变化的，并且根据冬夏两个季节特性，制定冬夏两条不同的标准曲线，用以作为压力调控标准。

4）压力控制措施

为更好地为用户服务，提高供水服务质量，可以采取以下措施：

A. 技术创新，挖潜改造，增加供水。

通过技术创新和管理手段促进老水厂的挖潜改造，提高老水厂的日制水能力，另外，还需不断建设新水厂、中途管网加压站，同时大力开展计划用水和节约用水工作，提高工业用水的循环利用率，这些直接、间接的增水措施对提高城市管网水压可以起到一些作用。

B. 合理管网布局，提高输、配水能力。

随着城市发展，用水结构的改变和新水厂的建设，管网的运行状态不断改变，流向、流量、供水范围都在不断变化，因此必须不断地调整管网布局，同时在水压较低的地区，对原有的旧供水管道进行改造并增加或增大配水管道，提高配水管网的密度和输水能力，这些都是提高管网服务压力的有效措施。

C. 建设中途管网加压站和水库加压站。

一些供水半径较大的水源的管网末梢，水压较低，在这些有条件的低压区可以新建加压站，用于提高该地区的水压，既增加了管网末端的高峰供水量，提高了服务水压，又减少了水源出口的能源消耗。

D. 加强管网动态工况检测，为合理调度和保持优化运行提供依据。

坚持定期测定管网的压力和流量，绘制等水压线图等检测工作，以便了解配水系统的工作情况和薄弱环节，为合理调度、及时调压调量提供信息，为管网的经济合理运行和进行管网改造提供依据。

5）压力控制管理

A. 严格调度指令发布，确保各供水区域内的管网服务压力符合相关标准。

B. 根据规定的各区域中心站点与用户端压力控制范围，编制不同季节、不同时间段压力调节标准曲线，并按曲线对区域供水总管入口处控制阀门发布指令进行调度，满足正常供水需求。

C. 非高峰季节供水期间，当日用水高峰前后 10～15 分钟，应提前升压和降压，每次下达调度指令的时间间隔不小于 3 分钟，高峰季节供水期间，严格按批准后的《高峰供水方案》执行。

D. 每年高峰供水期间组织开展末梢管网测压工作，及时发现并消除低压区。

E. 每年根据管网运行情况对压力监测点的布局进行一次评估，并及时优化调整。

F. 特殊情况下，非供水突发事故等引起的低压供水，应由供水调度综合管理部门组织相关部门调查原因并给予解决。

G. 日常供水过程中出现突发性的重大供水事故和供水调度系统重大故障时，应严格按照《供水主干管应急抢修预案》《信息系统应急预案》及相关应急预案采取供水应急措施，并按照《重大事项报告制度》进行信息传递。

（4）水质监控

1）调度人员按照岗位职责做好各水质在线点的监控与信息登记工作，发现异常及时分析并立即通知所属区域部门进行排查。

2）区域分公司需做好异常水质情况的分析并查找原因，及时反馈处理结果。

3）特殊情况下，按照《水质应急处理预案》采取相应的应急措施。

（5）作业管控

1）供水管网作业审批应严格按照管网作业管理流程执行。

2）应及时收集供水管网作业、冲洗排放作业、天气气象等方面信息并发布。

3）及时整理相关典型供水作业案例，定期进行分析、评审和归档。

3. 数据应用

（1）对各类生产运行数据、热线受理情况等大数据进行整理分析，挖掘供水生产运行热难点问题、分析未来趋势，提出分析报告及解决方案，指导生产运行。

（2）分析统计当日各站点的压力状态、瞬时流量、流速、水质，并标注异常。

（3）对单个或多个任意站点进行压力、流量、流速、水质分析，查看任意时间段内的压力数据和相关统计，可查看日报、月报和年报。

（4）通过分区水量和大用户水量的叠加分析，查看管网用水变化趋势是否正常。

（5）监控管理水表的最小用水量，分析水表的最小用水量发生的时间是否在用水规律中经验值较低的时间段内，以及夜间最小用水量占平均用水量的比重。从而得出该监控范围内是否存在漏损点，为公司查找漏损点，控制漏损提供数据支撑。

（6）根据水表历史数据的变化规律，结合天气、温度等情况，预测出该水表在未来一段时间内的水量变化趋势，帮助调度员提前了解供水量变化趋势，做好调度计划。

4. 应急调度

（1）应急调度流程图（图 7-7）

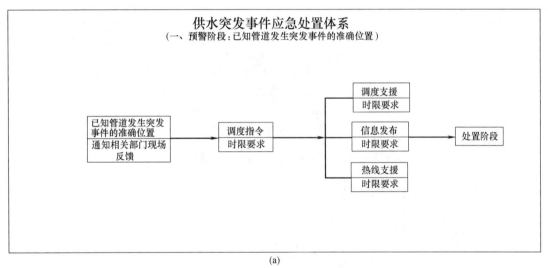

(a)

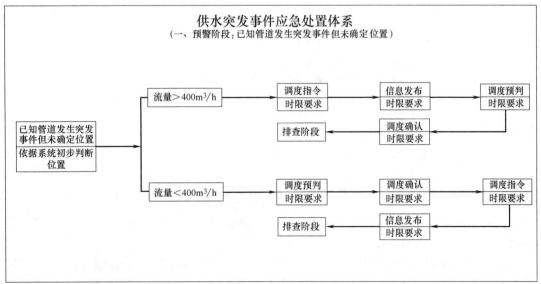

(b)

图 7-7　应急调度流程图（一）

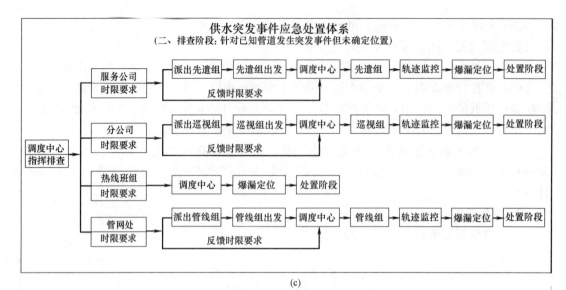

(c)

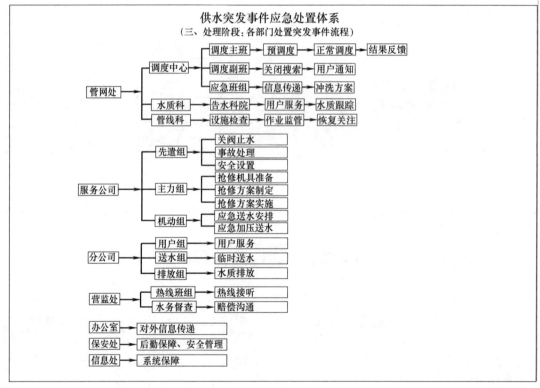

(d)

图 7-7　应急调度流程图（二）

（2）爆漏定位：利用管网监测点的压力、流量数据，模拟出可能发生爆管的区域，做到及早干预、提前防范（图 7-8）。

（3）应急预案：据对历史事故案例的分析，结合水力模型的模拟与优化计算，系统提供最优应急处置预案，建立应急预案库。当爆管发生时，调度人员根据爆管发生位置，及已经制定好的相应处置预案，辅助应急，确保处置流程高效有序的进行（图 7-9）。

图 7-8　系统爆漏定位分析

图 7-9　应急调度预案库（一）

(a)

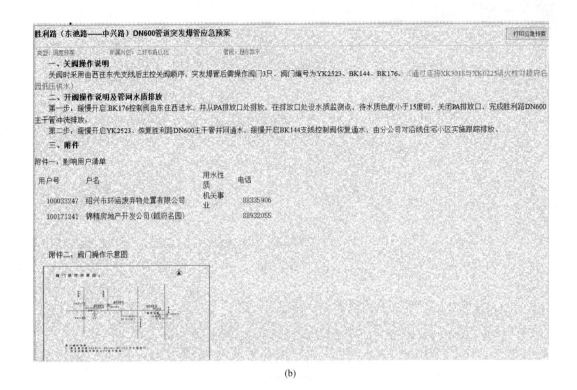

(b)

图 7-9　应急调度预案库（二）

（4）模型应用：建立管网评估分析模型，结合管网漏损点、隐患点、水质异常信息的分类分析，对管网进行评估，为管网优化提供依据（图 7-10）。

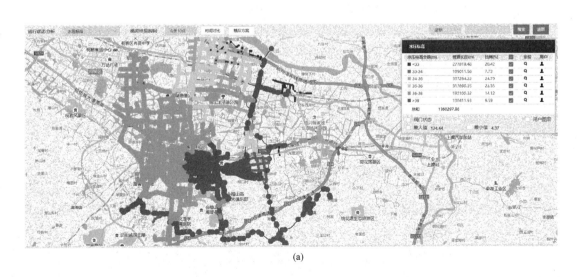

(a)

图 7-10　管网评估分析模型应用（一）

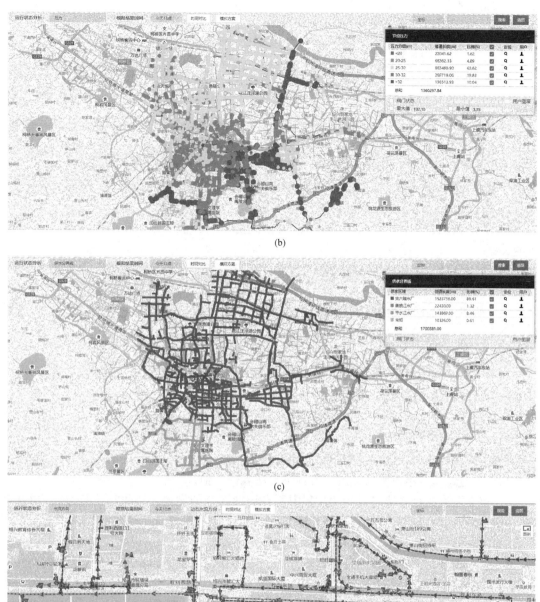

图 7-10　管网评估分析模型应用（二）

第三节 优化调度

1. 优化调度的依据

（1）优化调度的要求

城市供水的特点是产、供、销同时完成。任何一部分的不足都会造成整个供水系统的不平衡，出现供需矛盾，降低社会服务质量。供水企业要提高经济效益主要是降低成本，在制水成本中，制水电耗占的比例比较大，如何以最省的电能耗去换取客观需要的水压、水量，就是优化调度总的目的要求。做好优化调度工作应从以下三方面为出发点：

1）有投入产出的观念。用最低消耗，获得最大效益。

2）有市场观念。对用户的用水情况、发展趋势进行预测，是优化调度，保证社会服务的关键。

3）有竞争观念。竞争是市场经济的特点，通过竞争才能使水质质量、水压服务、技术工艺、经营管理不断提高。

综上所述，优化调度的基本要求应是：在保证服务、满足社会需求的前提下，灵活调整，合理运行，降低变动成本。

（2）优化调度的内容

随着市场经济的发展，当今社会企业的价值主要体现在经济效益，而作为供水企业要适应社会的发展，不仅要体现经济效益，更要体现社会效益。社会效益是满足用户需求，企业经济效益则是降低成本，为此供水企业必须在这两者之间寻求最佳平衡点，所以优化调度的内容就要从以下几个方面进行考虑：

1）建立水量预测系统，采用多种不同的算法，综合气象、社会等诸多外部因素产生的影响，确定最适合本供水区域的水量预测方法和修正值。

2）建立调度指令系统，对调度过程中所有调度指令的发送、接收和执行过程进行管理，同时对所有时段的数据进行存档，用于查询和分析。

3）建立管网数学模型，作为优化调度的技术基础。

4）建立调度预案库，包括日常调度预案、节假日调度预案、突发事件调度预案和计划调度预案。

5）建立调度辅助决策系统，包括在线调度和离线调度两部分。

（3）优化调度依据

实施优化调度的基本原则，首先要实现以销定产，按需定压，以压调水。所以合理选择服务压力控制点，合理确定服务压力值是实现优化调度的依据。

合理选择服务压力控制点，应从以下几方面考核：

1）人口密度。人口密度大，用水量变化大，服务标准高，必须设置或多设置水压控制点。

2）区域范围。在一定供水区域范围（5~10km²）及特定的供水区域，必须设置水压控制点。

3）用水性质。连续用水的范围，水量变化小，可少设置水压控制点。

4）管网运行状况。对流供水的节点处，长距离配水都应设置水压控制点。

另外，建筑物高低、二次加压用户较多用水区域在设置水压控制点时都应考虑。一般情况，水压控制点应选择在配水干管上。

（4）优化调度的实施

为了更好地提高企业的经济效益，使企业变动成本得到较好的控制，管理手段可以从以下两方面实施：

1）实时供水控制（流量、压力、物耗、电耗等处理，要求计算速度快，结果准确可靠）。

2）逐日编制供水计划（主要是水厂间水量的分配、物耗分配）。

2. 优化调度的手段

为了提高优化调度水平，使制水厂一、二次（取水、送水）机组合理运行，必须对供水设施的水、电、动、管、池的工作性能实行全面考核、统一调整，综合平衡，使机泵效率在高效区运行，管网要达到经济流速。同时，要采取机动灵活、经济合理的最佳运行方案。

（1）对流供水

从管网的两侧或几个方向同时向一处供水，叫对流供水。在多水厂，环形管网运行的大、中城市供水系统中，各水源的运行安排，灵活调整具有重要意义。

（2）交叉运行

在多水厂，环形管网运行的大、中城市供水系统中，如果各水源交叉运行，使管网水压缓慢上升，就不会出现水源出口水压瞬间过高，就会减少能耗。

（3）机组调整

合理调整一、二次机组的储水和送水时间，精确计算，合理使用水库（清水池）调节量，使制水和供水协调，是保证服务、降低能耗的重要措施。

（4）运行调整

要多运行低耗电、出水多、扬程低、高效率的经济水泵，少运行耗电高、出水少、远距离送水、低效率的不经济水泵。要进行机泵效率的测定。一般应每季度测定一次。

另外，合理确定经济出口水压、变配电设备匹配等都是优化调度应采取的手段。

3. 优化调度的方法

（1）优化调度的作用

根据城市用水量的影响因素及特点，利用统计预测理论，建立日用水的动态组合模型，经过计算机分析计算，提出最佳的调度运行方案，调度人员以此为理论依据，结合实际情况，实施日常调度，就叫优化调度。城市给水系统的优化调度就是保证安全、可靠、保质、保量地满足用户用水要求的前提下，根据管网监测系统反馈的运行状态数据，运用数学上的最优化技术，调度人员从所有各种可能的调度方案中，确定一个使系统总运行费用最省、可靠性最高的优化调度方案，获得满意的经济效益和社会效益。

（2）优化调度的目标

管网调度首先是保证用户对水量、水压和水质的要求，其次才是尽可能高地追求管网运行的经济效益。所以优化调度目标是：供水企业总变动成本最低，具体包括以下：

1）降低水泵能量费用。泵站内通常安装多台大小不同、型号各异的水泵，以便根据管网用水量的需要，在运行时将各种水泵合理搭配。近年来，变频泵应用越来越多，有效的水泵调度，既要根据用水量需要确定开动效率最高的水泵，又要确定在一天不同时段内供多大流量。同时尽可能利用供水调蓄设施，多采取低谷电开泵。

2）减小渗漏水量。水资源是宝贵的财富，因此节约用水的意义重大，减小管网漏水量也是节约用水的一项措施。我国城市管网的实际漏水率为12%～15%。减小漏水的方法很多，降低过高水压是减少漏水量的有效方法。

3）降低维护保养费用。保持所需的最小自由水压，避免管网过高的压力，可以减小爆管的可能性。爆管修复的费用是非常高，所以维持管网适当的水压非常必要。另外，在调度时，不应过分频繁地开停水泵，否则会加速设备磨损，并且会在管网中出现有破坏性的水锤现象。

（3）优化调度的约束

压力约束、流量约束、用户缺水情况约束、公司其他状态约束。我国数以百计的城市用于供水系统的能耗是巨大的，传统的经验调度方式能量也浪费甚大，已不能适应现代化社会发展的需求。如果采用优化调度，不仅能节省大量能源，也使管网在合理的状态下运行，既能满足供水的要求，也使管网压力更为合理。随着城市的发展，供水市场也不断扩大，优化调度将越来越得到重视及推广应用。

（4）优化运行的调控方式

可以采用多种多样的方法和措施来实现给水系统优化运行，并且由于给水系统的具体情况不同，可能采用的方法和措施也不相同。归纳起来，有如下六种：

1）选择各供水泵站的水泵型号和开启台数的最优组合方案。

2）合理确定变速泵的最佳运行转速。

3）合理制订水塔或高位水池的储水策略。

4）合理利用不同时段不同电费价格政策。

5）科学制订各种调控设备（流量控制阀、压力控制阀、止回阀、开关闸门等）的控制策略。

6）利用管网微观数学模式或宏观数学模型，实现在线控制和离线控制。

第四节　城市供水突发事件应急预案体系

1. 概述

在人类科技日新月异，城市化步伐逐年加快的背景下，城市供水系统也面临着诸多挑战，首先是产生供水突发事件的种类日益增多，与20世纪50年代相比，供水系统不仅面临着地震、洪灾、滑坡、泥石流等大自然气候的影响，还遭受着人类活动所产生的诸如生物、化学、毒剂、病毒、油污、放射性物质等的污染。其次，突发事件产生频率随着城市建设不断增加。最后从突发事件影响范围和程度来看，由于人口密集度增加导致突发事件受害人数增加以及对社会团结安定的破坏程度也在增加。

为提高城市供水系统应对突发事件的应急处理能力，最大限度地预防和减少突发事故可能造成的损失，进一步完善城市应急预案体系显得尤为必要。城市供水应急预案旨在健全城市供水事故的预警和应急处置运行机制，加强城市供水系统相关部门和人员的预防意识，以避免和减少各类、各级供水事故，并针对可能发生的城市供水突发事件及时展开应急响应工作，尽量减少事故所造成的人身、财产损失，缩小事故影响范围，维护社会安定，保障经济持续健康发展。

2. 供水突发事件分级

在城市供水中，城市供水突发事件大致可分为自然灾害事故、工程事故、公共卫生和环境事件三种。其中自然灾害事故包括干旱、地震、洪灾、滑坡、泥石流等影响水源、制供水设备、城市管网等事件。工程事故包括战争、恐怖活动或其他人为事件造成停电、火灾、爆管、倒塌等影响供水设施或供水量的事件。公共卫生和环境事件包括城市饮用水源遭受污染，影响城市正常供水的事件，如油污、病毒或放射性物质。

根据国家总体应急预案中的分类，将事件发生的严重程度、影响范围和发展趋势分为四级，以特别重大（Ⅰ级）、重大（Ⅱ级）、较大（Ⅲ级）、一般（Ⅳ级）表示。国内大部分城市特别是一线城市供水应急预案分级标准与此相符，也有部分城市根据各自供水实际情况，将供水突发事件分为三级、五级，少部分城市则无分级响应。

下面以浙江省内有代表性城市 A、B 的供水企业突发事件应急预案为例，具体说明事件分级标准及处理权限。

供水企业供水突发事件应急预案所称的供水突发事件，是指突然发生，造成或者可能造成供水系统瘫痪、严重影响道路交通、人员伤亡，或危及公共安全的紧急事件。根据对供水突发事故发生过程、性质和机理进行评估分析，可能造成企业供水突发事故的主要风险有：①战争、恐怖活动以及地震、滑坡、台风、暴雨、大雪、低温等极端气象导致生产与供应系统损坏与停产、减产；爆发大规模传染性疾病，生产运营人员严重减员等。②供水水源遭受生物、化学、毒剂、病毒、油污、放射性物质等污染。③构筑物、输配电、水泵电机等重要生产设施设备发生火灾、倒塌；关键生产设备与系统损坏、故障；液氯、液氧等危化品泄漏、爆炸等事故。④室外主要输配管设施爆管、损毁等事故。⑤井下作业等高危作业发生多人伤亡事故。⑥调度、自动控制等计算机系统遭受入侵、失控、毁坏。⑦电厂、变电站发生停电事故导致供水企业、大型泵站停产。

各类突发事件按照其性质、危害程度、可控性和影响范围等因素，一般分为特别重大（Ⅰ级）、重大（Ⅱ级）、较大（Ⅲ级）、一般（Ⅳ级）。

以代表城市 A 的水务公司为例，突发供水事故按照其严重程度和影响范围分为四级。

突发供水事故分级　　　　　　　　　　　　　　　　表 7-1

定级依据	Ⅰ级	Ⅱ级	Ⅲ级	Ⅳ级
人员伤亡	造成 1 人以上死亡，或者 3 人以上重伤（含急性中毒）	造成 2 人重伤（含急性中毒）	造成 1 人重伤（含急性中毒）	造成 2 人以上轻伤
经济损失	造成 1000 万元以上直接经济损失的	造成 200 万元以上 1000 万元以下直接经济损失的	造成 50 万元以上 200 万元以下直接经济损失的	造成 50 万元以下直接经济损失的
影响供水	造成供水 30% 以上的供应能力中断，且 12 小时不能恢复；或造成 2 万户以上居民连续 24 小时以上停止供水的	造成供水 10% 以上的供应能力中断，且 12 小时不能恢复；或造成 1 万户以上居民连续 24 小时以上停止供水的	造成供水 5% 以上的供应能力中断，且 12 小时不能恢复的；或造成 3000 户以上居民连续 24 小时以上停止供水的；或重点保障单位或区域停止供水 12 小时以上的	造成供水 5% 以上的供应能力中断，且 6 小时不能恢复的；或造成 1000 户以上居民连续 24 小时以上停止供水的；或重点保障单位或区域停止供水 6 小时以上的

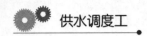

定级依据	Ⅰ级	Ⅱ级	Ⅲ级	Ⅳ级
水质污染	造成供水水质检验项目中的感官性状、一般化学、细菌学等部分指标超标,影响到居民用水安全或不能正常使用的	造成供水水质检验项目中的4项常规检测指标严重超标,造成社会影响的	出现局部片区集中性用户供水水质投诉单日超100件的	出现局部片区集中性用户供水水质投诉单日超20件以上100件以内的

以代表城市B的水务公司为例,突发供水事故按照其严重程度和影响范围分为四级。发生Ⅲ级和Ⅳ级事故的,由供水应急主管部门授权供水企业启动预案;发生Ⅰ级和Ⅱ级事故的,由供水应急主管部门上报市级应急指挥部办公室,根据市应急指挥部要求启动预案。

突发供水事故分级　　　　　表7-2

定级依据	Ⅰ级	Ⅱ级	Ⅲ级	Ⅳ级
人员伤亡	发生一次性死亡10人以上的	发生一次性死亡3人以上、10人以下的	发生一次性死亡1人以上、3人以下的	—
影响供水情况	造成供水能力降低50%以上或3万户以上居民供水中断24小时以上	造成供水能力降低供水能力降低30%以上、50%以下或2万户以上居民供水中断24小时以上	造成1万户以上居民连续12小时以上停止供水	造成1万户以上居民连续8小时~12小时停止供水
水质污染	城市水源或供水设施遭受生物、化学、毒剂、病毒、油污、放射性等物质污染,可能造成水介质性疾病暴发,造成供水能力降低50%以上	管网水质受到严重污染,可能造成水介质性疾病暴发,造成区域性1万户以上居民供水中断	管网水质受到污染,可能造成水介质性疾病发生,造成区域性5000户以上居民供水中断	管网水质受到污染,可能造成水介质性疾病发生,造成区域性1千户以上居民供水中断

具体各地市可根据当地供水实际情况、影响范围以及可承受、控制程度,结合上级要求,划分相应事件的分级标准。

3. 供水突发事件应急响应

（1）信息报送

在特别重大或者重大突发供水事件发生后,供水责任单位要立即向供水应急主管部门报告,供水应急主管部门在接到报告后按照"迅速、准确"的原则向市应急指挥部办公室报告事故信息,同时根据市供水应急指挥部命令,启动相应等级的应急预案。在应急处理过程中,要及时续报有关情况。

（2）应急处置程序

1）先行处置。供水突发事故可能或已经发生时,供水责任单位应及时、主动、有效地进行先期处置、控制事态,并将事件和有关先期处置情况上报供水应急主管部门。

2) 预案启动。研究分析并确认应急处置方案，宣布启动相应等级的应急响应。需要启动市级预案的，应逐级上报市政府启动预案。

3) 应急处置。组织开展相应救援工作，同时根据事故现场情况，组织相关专家提出事故应急处置建议方案。供水责任单位主要负责人应第一时间赶赴现场。根据处置情况和影响及时向相关部门、单位和社会公众告知进展信息。

4) 保供原则。各地在应急处置中，应本着"先生活、后生产，先节水、后调水，先地表水、后地下水"原则，优先保证居民生活用水，对洗车、绿化、娱乐、洗浴等行业用水，进行严格限制，对单位用水实行总量控制，减少用水量。

5) 险情消除。供水责任单位在应急事故处置完毕、供水系统恢复正常运行后，按照信息报送要求，及时报送应急处置结果，按照"谁启动、谁负责"的原则发布应急事故处置结束命令，并按事故报告（告知）相关部门、单位和社会公众。图7-11为应急处置流程图。

4. 供水突发事件预警

供水企业应及时监测和分析来自系统内、外可能影响供水的信息，监测内容包含：水源地的水质、水雨情，水厂、泵站、管网的流量、水压、水位；重要生产装置、系统运行、安保监控等信息；温度、湿度、风力等环境信息；热线信息。对各类信息做好甄别，重要信息要进行跟踪监测，做到早发现、早报告、早处置。

（1）预警级别

根据突发事故可能造成的危害性、紧急程度和影响范围，将突发事故预警级别分为四级：Ⅰ级（特别严重）、Ⅱ级（严重）、Ⅲ级（较重）和Ⅳ级（一般），依次用红色、橙色、黄色和蓝色表示。具体对应出现的情况分级详见表7-3。

突发事故分级 表7-3

定级依据	Ⅰ级（红色）预警	Ⅱ级（橙色）预警	Ⅲ级（黄色）预警	Ⅳ级（蓝色）预警
自然灾害预警	发生气象、地震、地质事件、水质污染等，经研判，可能对本市供水、配水和管网安全造成重大影响的	发生气象、地震、地质事件、外部供电事故、水质污染等，经研判，可能对本市供水、配水和管网安全造成较大影响的	发生气象、外部供电事故、水质污染等，经研判，可能对本市供水、配水和管网安全造成一定影响的	发生气象、外部供电事故、水质污染等，经研判，可能对本市局部区域供水、配水和管网安全造成一定影响的
发生其他重大突发事件	由于建设施工、其他区域事故处置、非常态时期特殊情况等原因，可能造成2万户以上居民连续24小时以上停止供水的	由于建设施工、其他区域事故处置、非常态时期特殊情况、生产装置故障等原因，可能造成1万户以上居民连续24小时以上停止供水的	由于建设施工、其他区域事故处置、非常态时期特殊情况、生产装置故障等原因，可能造成1000户以上居民连续24小时以上停止供水的，或重点保障单位或区域停止供水12小时的	由于建设施工、其他区域事故处置、非常态时期特殊情况、生产装置故障等原因，可能造成500户以上居民连续12小时以上停止供水的，或重点保障单位或区域停止供水6小时的

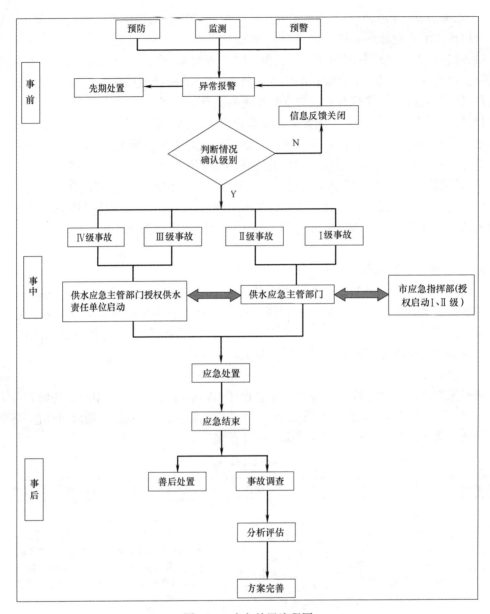

图 7-11 应急处置流程图

（2）预警信息启动

预警信息由供水应急主管部门发布，其中Ⅰ级（红色）、Ⅱ级（橙色）预警信息，在供水应急主管部门发布预警的同时，按照程序报告市应急指挥部办公室。

预警信息包括事件类别、预警级别、起始时间、可能影响范围、警示事项、应采取的措施和发布单位等。信息的发布、调整和解除，可以通过广播、电视、报刊、短信、网络、微信、警报器、宣传车和其他方式进行。

（3）预警级别调整

根据供水突发事故的发展态势和处置情况，供水应急主管部门可视情况对预警级别作出调整，并及时组织发布或上报。

（4）预警响应行动

供水应急主管部门根据本预案和有关规定，明确进入预警的相关部门、程序、时限、方式、渠道、要求和落实预警的监督措施。进入预警期后，相关部门与单位可采取以下预防性措施，并及时报告相关情况：

1）准备或直接启动相应的应急处置规程。

2）必要时，及时向公众发布可能受到供水突发事故影响的警告，向相邻单位、关联作业单位通报可能突发的事故。

3）根据需要，对制供水设施采取临时性工程措施。

4）组织开展供水调度，做好使用备用水源、备用联络通道等的准备。

5）组织有关救援单位、应急救援队伍和专业人员进入待命状态，并视情况动员后备人员。

6）调集、筹措所需物资和设备。

7）组织有关单位采取其他有针对性的措施。

（5）预警解除

一旦突发事故风险消除，供水应急主管部门应及时解除预警，中止预警响应行动，并及时组织发布预警解除信息。

5. 供水突发事件应急处置预案分类

（1）按供水事故关键节点分类

1）大型供水泵站突发事故应急预案

针对供水泵站可能突发的运行事故，做到及时、有序、科学、妥善的处置和恢复，提高应对突发事故的应急综合处置能力，确保大型供水泵站安全运行、可靠供水。

2）制水突发事故应急处置预案

为规范和强化制水过程中的突发事故应急处置能力，最大限度地减少停电、设备故障、自动化系统故障、危险化学品事故等造成的损失，保障供水安全。

3）大口径供水管道爆管应急处置预案

为规范和强化大口径供水管道爆管的应急处置工作，提高供水管道事故的应急处置能力，保障城市供水安全，维护社会区域稳定。

（2）按供水事故主要原因分类

1）供水水质事故应急处置预案

为规范和强化供水水质事故的应急处置工作，提高供水水源水质和管网水质污染事故的应急处置能力，最大限度地减少污染事故造成的损失，保障供水安全。

2）供水雨雪冰冻灾害应急处置预案

为加强对抗冰救灾的组织领导，进一步完善应急反应机制，落实责任，强化管理，及时、有序、高效、妥善处置可能发生的冰雪灾害、次生灾害引发的供水事件，保证供水安全运行，降低社会影响，维护社会稳定。

3）供电系统应急处置预案

为提高供电系统的供电可靠性和处置突发供电事故的能力，在发生停电时，及时、有序、高效、科学、妥善处置事故，在最短时间内、最快的速度恢复正常供电，最大限度地减少供电系统事故所造成的设备损坏、减产、停产等影响经济效益和社会效益的损失。

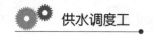

4）关键设备事故应急处置预案

为做好供水系统关键设备突发事故应急处置工作，组织应急抢险，实施紧急救援，及时、有序、科学、妥善处置事故，消除隐患，最大限度地减少关键设备突发事故造成的损失，保障城市安全供水，维护社会稳定。

5）自控系统应急处置预案

为提高自控系统正常运行和处置突发自控事故的能力，最大限度地减少自控系统事故所造成的设备损坏、减产、停产等影响经济效益和社会效益的损失。

6）反恐应急预案

为贯彻落实反恐怖的安全防范工作，最大限度地减少人员伤亡、减轻经济损失、保障供水安全。

7）火灾应急处置预案

为建立健全火灾应急处置机制，科学有效地调度救援力量，正确采用各种战术、技术，快速实施灭火救援行动，最大限度地避免和减少人员伤亡和经济损失，保证安全、优质地为城市供水。

6. 供水应急调度保障实例

（1）原水污染应急事件

2011年6月5日，浙江省某市区某镇部分居民发现自来水有浓烈的类似涂料的异味。当地自来水公司接到用户投诉后，在水源地的原水中检测出10余种挥发性有机污染物，主要包括二聚环戊二烯、二氢化茚、2,2′,5,5-四甲基联苯及其同分异构体、4-苯甲基甲苯及其同分异构体、萘等。虽然这些污染物未被列入现行国家标准《生活饮用水卫生标准》GB 5749中，但是由于嗅味强烈，显示可能遭受化学品污染，对当地居民饮水安全造成恶劣影响。

发现原水水质存在问题后，水务公司启动应急预案，切换水源、停止部分水厂供水，结果造成部分地区停水。受此影响，该镇部分学校停课，同时，该区相关部门要求区域内饮食、食品行业的企业、商户近日不得使用自来水进行生产活动。至此，水源污染事件造成了恶劣社会影响与经济损失。

污染事件发生后，省、市主要领导均作出重要指示：要求进一步加强水质监测，采取有效措施保证人民生活饮用水安全供应。为尽快确定污染源，6月7日，该市水污染应急现场指挥部，在青山工业园区全面停产的基础上，组织两级环境监察、检测人员共140余人次，两次对青山工业园区内39家可疑企业展开彻夜侦查，并在6月7日下午1时，根据特征因子对比，该市环保局锁定当地一家化工企业，并立即对此进行联合立案调查，查封污染设施，全面切断并关停该厂所有雨水、污水排放口。

为尽快恢复供水，应环保部环境应急与事故调查中心及当地自来水公司邀请，饮用水应急处理专家清华大学张晓健教授协同"自来水厂应急净化处理技术及工艺体系研究与示范"课题负责人陈超副研究员等于6月7日赶赴现场，参与现场应急处理处置。到现场后，应急专家通过综合考虑水源污染状况、水厂条件，基于前期研究成果，确定了应急处理技术方案、开展实验室可行性研究并指导工程实施，经过连夜试验、调运应急物资并在工程上实施，于6月8日晚实现对污染物的有效去除，并于6月9日上午11点全面恢复供水。

1）应急处置与效果

确定应急处理技术后，经实验室可行性与主要工艺参数试验研究后，在水厂中实施。

A. 应急处理设施

受此次污染事件影响的该地区三个水厂涉及供水规模约 35 万 m^3/d。

其中，YH 水厂和 PY 水厂距离取水口很近，在厂内设有粉末活性炭投加装置，可直接应用。但由于在厂内投加粉末活性炭，后经混凝、沉淀工艺去除，因此粉末活性炭接触时间短，其吸附能力难以充分利用。

ZS 水厂为原水厂，经其处理后原水经数十公里的原水管线输送至属地两个水厂进一步处理。ZS 水厂设有粉末活性炭、预氧化等应急处理处置设施。因此，在 ZS 水厂采用粉末活性炭预处理后，可利用原水管道输送过程实现对有机污染物的吸附，保障出厂水水质。

B. 应急处理药剂

由于粉末活性炭并非该水厂的常规药剂，因此事故发生时，受影响水厂并未储备粉末活性炭。为保障饮用水安全，尽快恢复供水，参与现场处置的应急处理专家，利用"自来水厂应急净化处理技术及工艺体系研究与示范"课题组形成的应急供水工作网络，很快寻找到最近的活性炭存储周转中心。

6 月 8 日上午，水务公司紧急从该活性炭存储周转中心订购 50t 粉末活性炭。所有活性炭在当天夜晚运输至上述各水厂的应急处理设施处，并投入使用。良好的应急物资供给，为及时恢复供水奠定了基础。

C. 处置效果

6 月 8 日晚，投加粉末活性炭应急处理后，原水中挥发性苯烯类有机物被有效吸附去除，水厂处理出水不存在臭味问题，出水水质满足现行国家标准《生活饮用水卫生标准》GB 5749 要求。

D. 恢复供水

在环保、市政、水利、卫生等多部门共同努力下，6 月 9 日上午 11 点全面恢复正常供水，并发布公告。至此，本次应对水源上游挥发性有机污染物的应急处理事件取得成功。

2）经验总结

A. 应对污染物范围

本次事件中原水中有机污染物为挥发性苯烯类有机物，是涂料等的基本原料与组成成分，并非饮用水相关标准中的污染物指标。现有的饮用水应急处理技术储备主要针对饮用水标准中相关污染物。因此，亟须拓展现有应急处理技术可应对的污染物范围，针对风险污染物、常见有机物（产量大、应用广）开展适用应急处理技术研究，为保障饮用水安全做好技术储备。

B. 应急保障队伍

在突发污染事故发生后，为保障供水安全，需在储备应急处理技术基础上，进一步在实验室研究应急处理技术的可行性及工程实施适用的工艺参数。因此，在污染事故发生后，需要拥有一支强有力的饮用水应急队伍，能够在突发污染背景下确定应急处理技术开展应急处理、处置试验研究，确定工程实施的关键工艺参数，为保障饮用水安全提供队伍支持。

C. 物资支援平台

本次污染事件的成功应对，除了依靠前期应急处理技术的储备，更有赖于应急处理所需药剂的支援。因此，需要加强对饮用水应急处理所需药剂的储备，对于不适于水厂储备的应急处理药剂，需建立其供应平台，协同生产厂家等在周边地区建立应急药剂的存储与以满足应急过程需要。

D. 应急处理设施

饮用水应急处理技术的实施除了要依托水厂原有处理工艺和设施，往往还需要一些特定的应急处理设施。在本案例中，粉末活性炭应急处理技术的实施就需要依靠水厂粉末活性炭投加装置，由于水务公司下属水厂都具备粉末活性炭预处理设施，为事件的成功应对奠定了良好基础。因此，在污染事件中，为保障应急处理工艺能够在水厂中顺利实施，需各水厂提前建设必要应急处理设施，以保证应急处理工艺的顺利开展，取得良好效果，保障供水安全。

（2）大口径管道爆管应急事件

1）事件经过

2014 年 4 月 10 日 7：57 分，SX 市水务调度中心发现市区水量 4000 立方米/小时的突增事件，该市管网中心压力监测数据由正常的 0.29MPa 下降至 0.15MPa，同时发现白马新村站点压力监测数据压降尤为明显，判断该市可能存在大口径管道爆管事故，且初步锁定目标区域为靠近白马新村周边的中兴路、胜利路区域管道。该水务调度中心立即报告相关领导及抢修值班人员，组织查找漏点。8：01 分，热线中心接用户来电反映胜利西路水管爆裂的信息，当即确定为市区胜利西路新华书店对面 DN600 供水干管发生爆管事故。

确定爆管事故后，该公司立即启动应急预案，按程序进行处置。第一时间将爆管事件情况上报行政主管部门，并请求交警部门支援配合现场交通秩序维护。调度中心通过 GIS 系统搜索止水阀门和确定供水影响范围，分别调动抢修人员分三路赶赴现场按阀门操作指令进行快速关阀，同时抽调所属营业所力量，协配交警部门做好现场交通秩序维持。至 8：26 分 7 只主控阀门全部关闭，市区压力恢复正常，路面积水、交通堵塞等间接影响也基本消除。因管道修理造成一个小区停水，也及时用短信方式第一时间告知用户并安排送水。

为尽快恢复通水，该公司调动抢修人员和大型抢修机具投入抢修作业，经过连续 7 个半小时的抢修，于当日 15：30 修好破损管道恢复供水。在通水的同时，对工作坑进行填埋夯实，至当日 22：30，车辆恢复通行。

事后，该公司对爆管事件的原因进行了分析，并提出了对应的整改措施和建议，在后续的工作中加以强化落实。

此次事件，该公司按照大口径爆管事件应急预案进行了处置，反应迅速，程序规范，指挥得当，对爆管产生的影响和损失进行了有效控制，得到了当地行政主管部门的肯定。

2）事件原因

A. 事故前运行分析

从调度运行数据来看：爆管前一周及当日市区主要压力、流量运行正常。市区和平弄中心压力点控制在 0.29MPa 左右（见图 7-12）；片区夜间最小水量也较为平稳，处于 1500 立方米/小时左右（见图 7-13）。

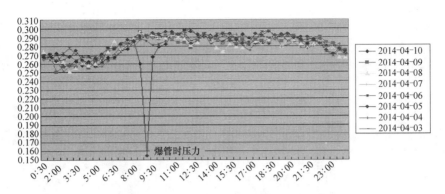

图 7-12　4 月 3 日～10 日市区压力变化曲线图

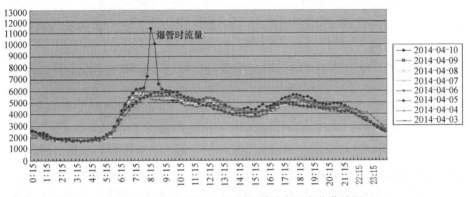

图 7-13　4 月 3 日～10 日片区瞬时水量变化曲线图

从检漏情况来看：爆管点管道无漏水疑点。4 月 8 日夜间，检漏人员对胜利路（环城西路至中兴路）DN600 铸铁管刚完成一次周期性检漏，并在当晚发现位于胜利西路古越藏书楼门口 DN600 管漏点一个，于次日进行了修复（见图 7-14）。

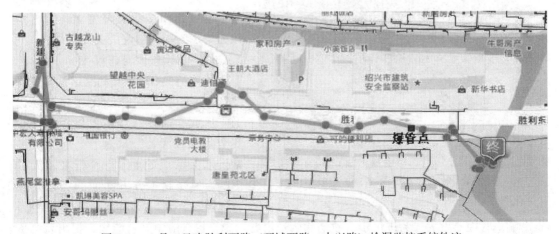

图 7-14　4 月 8 日晚胜利西路（环城西路—中兴路）检漏监控系统轨迹

从管网巡检情况来看：没有发现异常情况。4 月 9 日管线巡检人员巡检时无异常外来施工作业影响发现，巡检轨迹也覆盖胜利路管线（见图 7-15）。

图 7-15　4月9日胜利路管线巡检监控系统轨迹

B. 事故现场分析

a）运行路况差，交通负荷重。随着城市道路拓宽以及快慢车道隔离行车渠道化等交通治堵措施的实施，使该 $DN600$ 管道位置由原来的慢车道变为快车道，大型公交车辆及夜间重型运输车辆均在管道上方行驶，尤其是爆管处主辅车道的隔离，道路形成了轨道交通形式，各类大型车辆行驶过程中右侧轮胎正好开在管道正上方，造成管道上方外力负荷明显增加，直接导致管道胸腔处轴向开裂形成本次爆管。

b）安装环境差，施工不尽规范。从挖掘现场看，安装时管道沟槽基础未按规范施工处理，破损管道底部有一块4平方米左右的石砌块石直接顶住管身，造成管道在顶部受压时，管身受力不均，即"上压下顶"，应力直接作用在管道胸腔部位（见图7-16）。

c）管道年限长、材质差。胜利路管道材质为灰口铸铁管，1993年安装，已运行21年，且近年来该管道漏点也趋于多发，从2012年至今，主动检漏发现漏水点有16处。

图 7-16　胜利路 $DN600$ 管胸腔爆管裂口

综上分析，可以确定本次爆管是管道上方路面交通负荷增大，管材承载力增加为主因引起的突发性事件。

（3）后续整改与建议

各地类似SX市胜利路这种管道情况都存在，特别是位于主城区主要交通干道或交通枢纽位置的管道，潜在安全隐患较大，一旦爆管，将会对正常供水保障、交通出行等带来较大的影响。但受制于方方面面的因素以及管道埋设环境、管道老化等不可控因素影响，管控难度大。为进一步有效消除管道潜在隐患，提升应急处置能力，提出后续整改措施及建议：

1）科学评估，优化预案。对整个应急处置进行全面评估，对应急过程中的信息预警、人员调配、抢维修机械组织、零配件物资供应等方面作进一步优化分析，对大口径爆管应急预案作进一步修改和完善。

2）摸清底数，强化管理。开展管网运行工况排查、评估和分析，摸清潜在的隐患对象。SX 市水务公司已对材质差、埋深浅、交通负荷重的 27 条 44.3 公里长的隐患管道建立了台账，在此基础上，进一步明确相应管理要求和举措。同时深化"人防＋技防"，重点突出强化运行管理。在已建立入口压力点、中心控制点、管网末梢点与用户终端点的四级压力监控体系基础上，进一步优化调压模式，减少调压次数（由原 60 余次降至 30 余次/天），保障管网压力运行平稳；同时严格规范控制大口径管道兜口并网作业，避免人为水锤现象发生；完善检漏、管线巡检工作模式，分级实施巡检，在对人员工作轨迹实时全程监管的同时，增加管网薄弱点和特殊管段的巡检频次，明确工作内容与要求，加强考核，提高发现问题的预见性和有效性；在 21 个小片区计量管理基础上，不断完善和拓展计量分区，并借助渗漏预警仪对主要路段管道进行轮流监控，提高异常信息的预警与目标锁定的快速性。

3）争取支持，建立机制。彻底消除隐患的办法是对薄弱管道进行改造，但市区主要道路内改造管道施工会对正常交通产生较大影响，需政府相关部门给予政策支持和协调，以确保水务公司能有序推进主要道路老、旧、危管网的更新改造，从根本上消除潜在安全隐患，确保安全供水。同时建议建立公共管网运行保障协调机制，在涉及市政道路建设、大修、改造等工程前，事先应做好各类管线的保护及相应管道的迁移、改造；交通管理部门在对道路进行车道隔离渠道化管理前，应充分征求相关管线单位意见，尽量避免加重管道负荷，确保管网安全运行；路政交管部门要加大对市区道路超重、超限工程车辆行驶的管理力度。

第八章

供水调度系统

第一节　供水监测与控制系统（SCADA 系统）

1. 系统概述

（1）系统建设作用及目标

供水调度 SCADA 系统（Supervisory Control And Data Acquisition，即数据采集与监视控制系统）以对生产数据的监控和数据采集为主，通过物联网、大数据分析等技术手段，有效、全面感知管网运行状况，整合各类管网运行信息，实现管网运行状态的实时监测、预警处置以及科学调度，进一步提升管网信息化管理水平，保障供水安全与服务质量。

要充分发挥供水调度系统在生产管理中的作用，应加强对生产数据的管理和分析，挖掘并理解数据背后的本质规律，为各种管理调度决策提供科学的依据，提高生产运行的安全性和科学性。其中数据是基础，分析挖掘是关键，决策支持是落脚点，只有充分发挥人的主观能动性，才能最大限度的发挥 SCADA 系统的功能，推动从数据的量变到科学决策支持质变的过程。

总的来说，调度 SCADA 系统的建设与应用显著地提高了调度人员的工作效率和对事故处理的反应能力，保障管网运行的安全，降低了管网漏损率。

（2）系统建设内容

1）建立物联监测网

合理、全面布设管网监测点，同时提升监测数据的时效性与准确性，有效感知管网的运行状况（压力、流量、水质等），采用具备多种频率的压力采集设备（如分钟级、毫秒级等），为运行调度和爆管辅助定位等提供有力支持；实现主要进水口阀门的远程调控或自动调节；建设二次供水泵房监控平台，实现视频、泵机等运行参数远程监测与控制；对大用户水表实行远程监控，具备流量逢变则报等功能。

2）管网运行实时监控

依托管网数据库和物联感知的管网流量、压力、水质等运行参数实时信息，通过建立数据分析引擎，对海量的历史数据进行深度分析，实时预警、捕获管网运行异常事件；并利用压力、流量、水质相关变化趋势分析，摸索单个监测点以及各分区的压力、流量、水质的正常变化规律，建立预警标准化体系，进行管网运行现状分析，及时发现预警水量泄漏、爆管水压突降、水质异常等问题。

3）管网业务流程化管理

调度中心负责全公司的供水调度和设施的运维监管，协调各单位（部门）的管网业务数据交互和工作流程流转，指派各单位管网数据的更新维护和日常管网作业任务等工作。通过建立业务流管理体系，对公司内部的管网业务流程进行规范、梳理，实现公司业务在系统内全电子化闭环控制，达到强化调度中心应急指挥中心职能，提升公司精细化管理水平的目的。

4）管网智能决策分析

利用压力、流量、水质相关变化趋势分析模型和在线水力模型仿真分析，快速锁定异常区域，构建起智能运行分析决策平台，实现对管网运行情况的综合分析和智能管控，不断提升发现问题、解决问题及防御问题的能力，从而进一步保障供水安全和优质服务。

2. 系统架构

（1）物联感知层

物联感知层主要通过压力传感器、流量计、水质仪表等传感设备，全面感知管网运行状况，实现管网运行工况的有效监控及管网异常数据的及时上传。

（2）数据通信层

数据通信层主要是指监测设备通过无线传感网实现数据通信的过程，主要以 GPRS、CDMA、GSM 等传输协议为载体，通过实时数据流引擎，采集物联网数据。

（3）数据存储层

数据存储层也就是建立的供水管网数据仓库，通过计算服务集群，完成数据存储、数据分析和数据挖掘。

（4）应用服务层

应用服务层即最后的数据展示，通过前端服务集群，进行监控、预警、分析、业务、报表等功能的显示。

3. 系统功能

（1）实时监控（图 8-1）

监控供水管网运行时的压力、流量、水质、开关、泵房等类型的监测点、监测区域实时数据，可多方面多角度地对监测数据进行浏览、归类、汇总、分析，并提供强大的数据关联分析、事件预警机制，帮助调度人员全面了解供水管网运行情况，快速及时地发现异常点，并及时进行处理决策与调度管理，确保城市供水安全可靠。

（2）报警处置（图 8-2～图 8-4）

根据采集参数的类型及管理作用的不同提供多样化的报警方式，包括弹出框报警、RTX 报警及短信报警等，多层次多角度地发现管网运行过程中可能存在的异常问题，并结合工单的形式，帮助调度人员对问题点进行快速确认并处置。

（3）查询分析（图 8-5）

SCADA 系统积累了大量的历史运行数据，通过对管网上各个采集参数历史数据的分析、统计、汇总，结合调度理论知识和实际经验，根据各参数的运行趋势预测出未来一段时间内该参数的可能变化规律，从而为供水的调度决策、系统诊断以及维护改造提供科学的决策依据。

图 8-1　实时数据监控

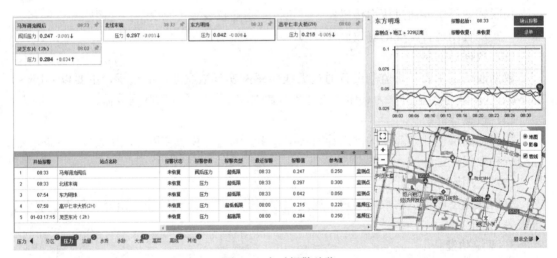

图 8-2　实时报警总览

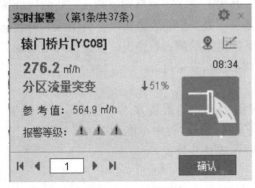

图 8-3　实时报警

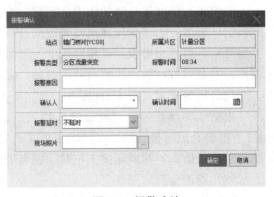

图 8-4　报警确认

序号	时间	鲁迅路 累计流量(m³) 实际累计	人民东路(凤元) 累计流量(m³) 实际累计	人民东路翡翠华园 累计流量(m³) 实际累计	昌安立交桥 累计流量(m³) 实际累计	锦门桥 累计流量(m³) 实际累计	南门路 累计流量(m³) 实际累计	昌利大洋北 累计流量(m³) 实际累计	璧湖解街 累计流量(m³) 实际累计	世茂到城桥 累计流量(m³) 实际累计	城东基地 累计流量(m³) 实际累计
1	00:00~01:00	20	1056	44	178	303	173	171	46	13	148
2	01:00~02:00	17	928	38	159	274	144	150	39	16	133
3	02:00~03:00	17	872	36	138	253	150	141	39	18	124
4	03:00~04:00	17	872	37	167	275	136	147	38	18	125
5	04:00~05:00	17	920	40	171	288	141	155	39	23	131
6	05:00~06:00	22	1096	49	181	330	190	190	51	20	165
7	06:00~07:00	35	1744	81	228	490	358	330	89	50	271
8	07:00~08:00	46	2288	107	244	602	489	427	111	54	353
9	08:00~09:00	46	2312	107	283	615	415	398	108	21	350
10	09:00~10:00	44	2224	103	254	570	391	371	98	16	336
11	10:00~11:00	41	2088	96	248	537	355	340	84	14	312
12	11:00~12:00	41	2048	93	217	515	363	316	98	10	308
13	12:00~13:00	40	2024	92	193	482	369	325	88	12	305
14	13:00~14:00	36	1832	83	223	477	330	297	78	21	276
15	14:00~15:00										

图 8-5 累计分析

1）水量叠加（图 8-6）

通过分区水量和大用户水量的叠加处理，分析管网用水变化趋势是否正常，当这两者的运行趋势存在明显差异时，则管网可能出现漏损，为公司做进一步的管理决策时提供依据。

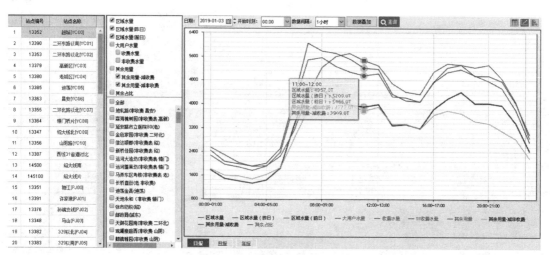

图 8-6 水量叠加

2）最小流量（图 8-7）

对水表的最小流量进行监控管理，分析水表的最小流量发生的时间是否在用水规律中经验值较低的时间段内，以及夜间最小流量占平均流量的比重，从而得出该监控范围内是否存在漏损点，为查找漏损点，控制漏损提供数据支撑。

（4）业务管理

提供调度日常工作中常用的业务管理流程，包括停水作业、调度日志、设备管理、工单管理等功能模块，各模块都提供了详细的管理功能，帮助调度或管理部门完善工作流程，提高工作效率，充分发挥信息化系统作用，从而改善现有工作中的不足。

起止日期: 2018-12-22 ~ 2018-12-29 02:00 ~ 05:00 最小水量 最大水量 平均水量 夜间最小水量 夜间最小水量占比 减大用户 减收费 减非收费 高级查询对象管理 查询

序号	时间	越城[YC00]		老城区[YC04]		迪荡[YC05]		昌安[YC06]		二环北路以北[YC07]		镜门桥片[YC08]		
		分区累计(m³)		分区累计(m³)		分区累计(m³)		分区累计(m³)		分区累计(m³)		分区累计(m³)		
		最小水量	出现时间	最小水量	出现时间	最小水量	出现时间	最小水量	出现时间	最小水量	出现时间	最小水量	出现时间	最小水
1	2018-12-22	1724	03:00~04:00	611	04:00~05:00	53	02:00~03:00	390	03:00~04:00	114	04:00~05:00	53	03:00~04:00	141
2	2018-12-23	1806	03:00~04:00	633	03:00~04:00	5	03:00~04:00	381	03:00~04:00	187	04:00~05:00	41	03:00~04:00	157
3	2018-12-24	1726	03:00~04:00	583	03:00~04:00	22	03:00~04:00	384	03:00~04:00	148	04:00~05:00	45	03:00~04:00	166
4	2018-12-25	1658	03:00~04:00	597	03:00~04:00	77	04:00~05:00	384	03:00~04:00	102	04:00~05:00	43	03:00~04:00	161
5	2018-12-26	1749	03:00~04:00	621	02:00~03:00	42	03:00~04:00	389	03:00~04:00	167	01:00~02:00	45	03:00~04:00	139
6	2018-12-27	1690	03:00~04:00	198	02:00~03:00	104	15:00~16:00	386	03:00~04:00	95	02:00~03:00	42	03:00~04:00	144
7	2018-12-28	1857	03:00~04:00	590	03:00~04:00	11	04:00~05:00	378	01:00~02:00	278	02:00~03:00	142	13:00~14:00	151
8	2018-12-29	1831	03:00~04:00	595	03:00~04:00	18	04:00~05:00	396	01:00~02:00	173	23:00~00:00	123	23:00~00:00	99
	最小值	1658		198		5		378		95		41		99
	出现时间	2018-12-25 03:00~04:00		2018-12-27 02:00~03:00		2018-12-23 03:00~04:00		2018-12-28 01:00~02:00		2018-12-27 02:00~03:00		2018-12-23 03:00~04:00		2018-1 03:00~0
	最大值	1857		633		104		396		278		142		166
	出现时间	2018-12-28 03:00~04:00		2018-12-23 03:00~04:00		2018-12-27 15:00~16:00		2018-12-29 01:00~02:00		2018-12-28 02:00~03:00		2018-12-28 13:00~14:00		2018-1 03:00~0
	平均值	1755		554		42		386		158		67		145

20 第1页，共1页 从1到10共10条

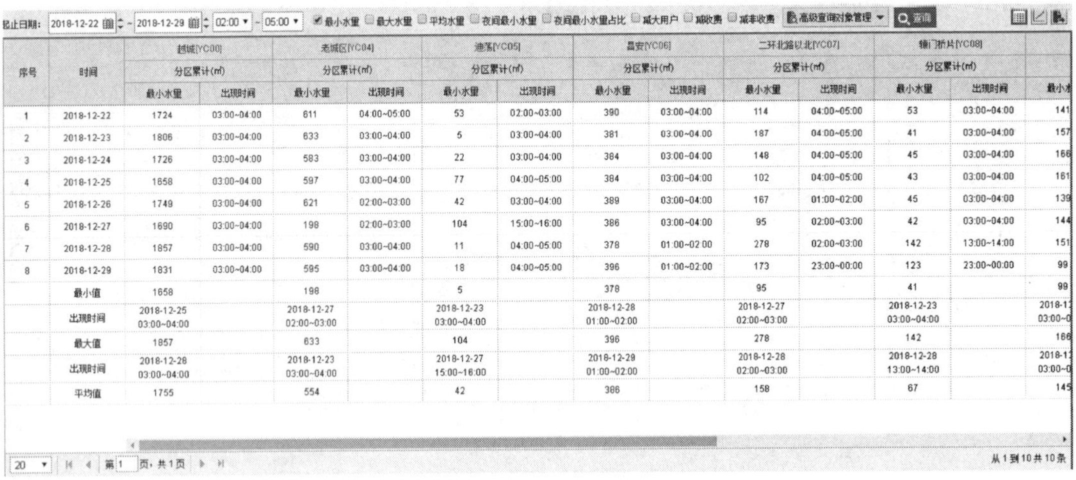

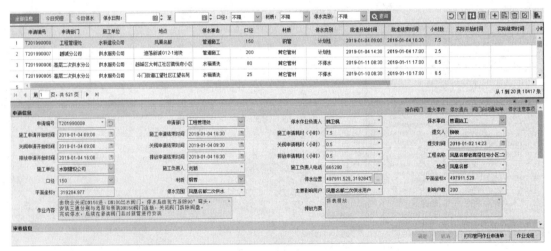

图 8-7 最小流量

1）停水作业（图 8-8、图 8-9）

对管网停水事件进行管理，跟踪停水事件的执行过程。另外，可以对历史事件进行查询（如阀门操作记录、重大事件记录等）。帮助调度或管理部门完善工作流程，提高工作效率。

图 8-8 停水作业管理

2）调度日志（图 8-10）

通过电子日志的形式，调度人员可及时记录每日管网运行情况、存在问题及建议措施等，在提醒交接班人员须注意事项的同时，也在潜移默化中增强了工作的目的性和针对性，提升了工作的主动性和创造性，加强了工作的计划性和科学性。

3）设备管理（图 8-11、图 8-12）

在设备管理环节通过添加、删除、修改设备信息，完成设备信息的操作活动，也可实现每一阶段设备库的更新记录查询，例如设备损耗、设备更新等，使设备管理由被动管理转为主动管理，极大地提高设备管理部门的工作效率，使设备管理人员解脱繁重的手工劳

图 8-9　作业审批

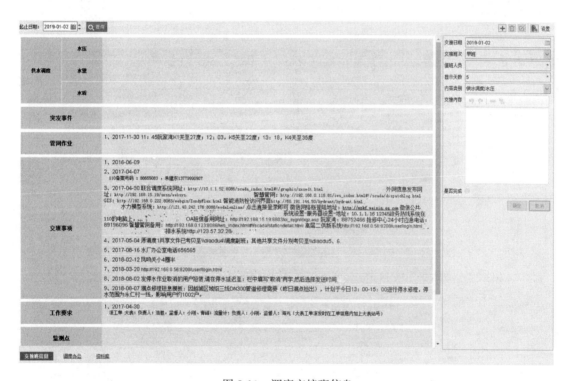

图 8-10　调度交接班信息

动，实现了设备整个生命周期的电子化管理。

4）工单管理（图 8-13）

用于记录与跟踪漏点等各类维修任务的处理情况。一方面可以使维修人员能快速到达现场并及时有效地处理各种维修任务，减少故障时间，提高供水安全性；另一方面，可以实现管理部门与户外维修人员的实时数据通信，形成内部统一的电子化派单、电子化销单的工作流程控制，提高服务质量。

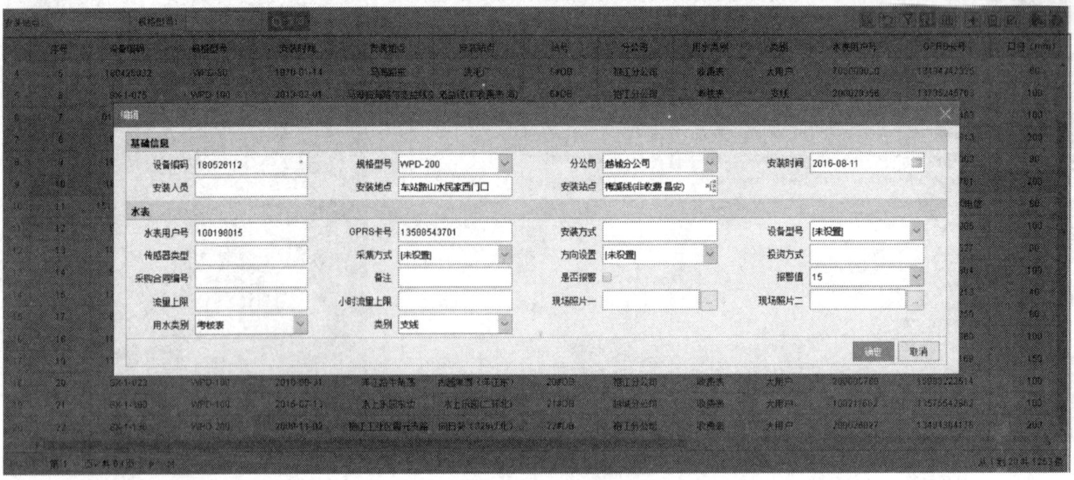

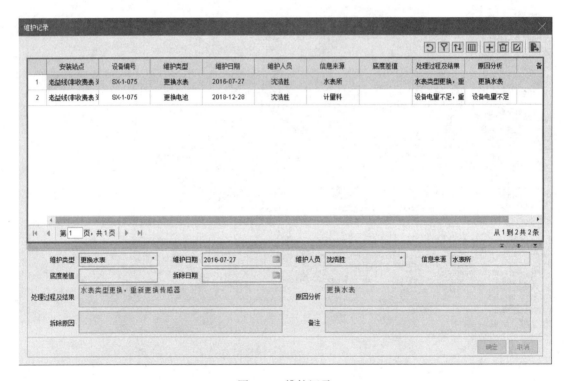

图 8-11　大表设备管理

图 8-12　维护记录

（5）远控调阀（图 8-14、图 8-15）

SCADA 系统能够远程控制现场阀门开关，实现片区控流调压的目的。此系统功能解决了传统人工管理存在的电话调度信息沟通不畅通所引起的人为误操作问题，提高了管网供水压力的平稳性，进一步保障了供水安全性。在单点调流阀自动控制的基础上研究出多个调流阀的联合自动调节控制，实现供水管网调度自动化。

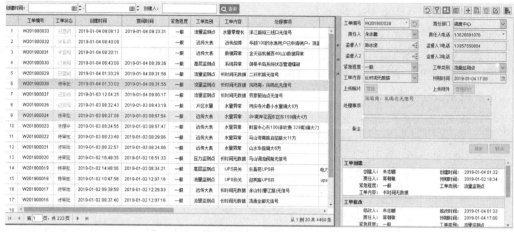

图 8-13　工单管理

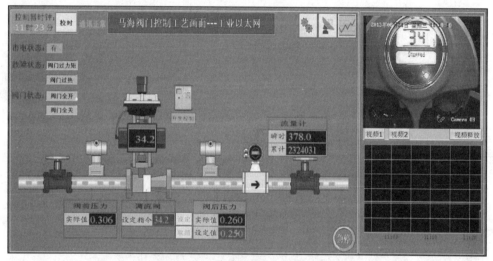

图 8-14　调流阀站点监控

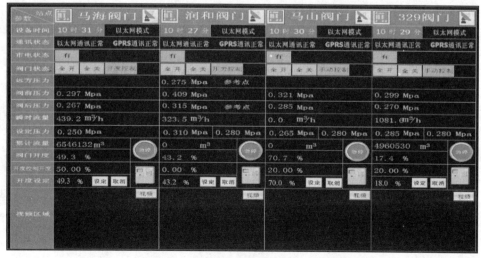

图 8-15　阀门总览

（6）报表统计（图 8-16、图 8-17）

提供丰富多样的统计报表，囊括从简单的数据统计到复杂的数据计算分析。通过这些统计报表，调度人员或管理人员可及时充分地掌握管网运行情况，准确判断管网运行的健康程度以及预测未来的运行趋势，为管网调度工作做出科学合理的决策，减少管网安全隐患，保障供水安全可靠。

日期：2019-01-02 🗓 ⬍	高级查询对象管理 ▼	🔍查询														
分区		当月日耗水量(m³)			上月同期(m³)	去年同期(m³)	当月时变化系数(%)		上月同期(%)	去年同期(%)	当日压力(MPa)		本旬累计(m³)	本月累计(m³)	本年累计(m³)
		12月31日	1月1日	1月2日	12月2日	1月2日	1月1日	1月2日	12月2日	1月2日	最高	最低			
化工工业		50648	50457	49346	50834	68231	1.53	1.57	-2.93	-27.68			99803	679699	99803
	阳明路[CN01]	3075	3178	3148	3062	3011	2.07	2.40	2.81	4.55			6326	40691	6326
	稽山桥南[CN02]	2843	2897	2812	3085	3532	1.99	1.94	-8.85	-20.39			5709	37685	5709
	中兴路东[CN03]	3507	3820	3502	3126	3781	1.68	1.89	12.03	-7.38			7322	48549	7322
	中兴路西[CN04]	5333	5667	5454	4408	5419	1.53	1.69	23.73	0.65			11121	69544	11121
城南[CN00]	闰和庄园[CN05]	5554	6575	6167	6783	5980	1.68	1.61	-9.08	3.13			12742	90733	12742
	下南楼[CN06]	181	182	239	295	703	4.03	2.83	-18.98	-66.00			421	2758	421
	旅馆[CN07]	871	870	812	690	675	2.22	3.08	-11.30	-9.33			1282	8809	1282
	曹江路[CN08]	1480	1644	1823	1497	1093	2.36	2.24	21.78	66.79			3467	18029	3467
	中兴路南（缘香名邸）[CN09]	1325	755	924	2148	1008	4.72	5.04	-56.98	-8.33			1679	6537	1679
	闰和北片[CN10]	2508	2703	2456	3007	2922	1.82	2.02	-18.32	-15.95			5159	34301	5159
	闰和南片[CN11]	3046	3872	3711	3776	3058	1.82	1.84	-1.72	21.35			7583	56432	7583
	陶堰[CD01]	3903	3246	3421	3495	1617	1.66	1.56	-2.12	-0.06			6667	48821	6667
	富盛片[CD02]	1547	1507	1475	1617	1545	1.79	2.26	-8.78	-4.53			2982	19983	2982
城东[CD00]	皋埠[CD03]	7367	7373	7422	7171	6013	1.63	1.67	3.50	23.43			14795	95115	14795
	闰庆寺[CD04]	1145	1177	1190	1244	2444	1.77	2.04	-4.34	-51.31			2367	15840	2367
	府西路[CD05]	2492	2529	2561	2689	2377	1.98	1.91	-4.76	7.74			5090	34014	5090

图 8-16　压力合格率报表

日期：2019-01-01 🗓 ⬍ ~ 2019-01-03 🗓 时间：00:00 ▼ ~ 00:00 ▼ 间隔：1小时 ▼ ☑过滤空值 ☐过滤零值 🔍查询								
	监测站点	应监测小时数	检测合格小时数	合格率(%)	最高压力(Mpa)	出现时间	最低压力(Mpa)	出现时间	平均值(Mpa)
1	平水大道入口	72	72	100.00%	0.451	2019-01-03 04:00	0.428	2019-01-01 11:00	0.438
2	平水大道出口	72	72	100.00%	0.335	2019-01-02 08:00	0.252	2019-01-03 02:00	0.299
3	迎宾路	72	72	100.00%	0.329	2019-01-02 08:00	0.263	2019-01-03 02:00	0.299
4	云东路	72	72	100.00%	0.323	2019-01-02 08:00	0.264	2019-01-03 02:00	0.297
5	高级中学（压力水质）	72	72	100.00%	0.334	2019-01-02 08:00	0.268	2019-01-03 02:00	0.305
6	城东基地	72	72	100.00%	0.399	2019-01-01 09:00	0.271	2019-01-03 02:00	0.301
7	鹤池苑小区	72	72	100.00%	0.33	2019-01-03 09:00	0.28	2019-01-03 02:00	0.309
8	敦煌新村	72	72	100.00%	0.329	2019-01-02 08:00	0.266	2019-01-03 02:00	0.301
9	和平弄	72	72	100.00%	0.277	2019-01-01 08:00	0.245	2019-01-03 02:00	0.264
10	北海花园	72	72	100.00%	0.305	2019-01-01 08:00	0.272	2019-01-01 16:00	0.292
11	白马泵站	72	72	100.00%	0.308	2019-01-01 08:00	0.268	2019-01-03 02:00	0.292
12	大龙市场	72	72	100.00%	0.04	2019-01-01 08:00	0.01	2019-01-01 16:00	0.027
13	百大公寓	72	72	100.00%	0.073	2019-01-02 08:00	0.03	2019-01-03 02:00	0.054
14	城东基地	72	72	100.00%	0.399	2019-01-01 09:00	0.271	2019-01-03 02:00	0.301
15	望花西区	72	72	100.00%	0.304	2019-01-03 13:00	0.269	2019-01-03 02:00	0.289
16	白马新村	72	72	100.00%	0.315	2019-01-02 10:00	0.272	2019-01-03 02:00	0.297
17	绍园五村	72	72	100.00%	0.314	2019-01-02 08:00	0.265	2019-01-03 02:00	0.292
18	清水嘉苑	72	72	100.00%	0.242	2019-01-01 07:00	0.207	2019-01-01 16:00	0.227

第 1 页，共 2 页　　从 1 到 20 共 39 条

图 8-17　区域流量日报

（7）系统维护

包含了用户配置、站点配置、报警配置、系统配置、设备配置等功能的访问权限设置，可针对不同部门对数据及业务流程的不同需求制定相应权限。彻底解决以往系统配置复杂、无法灵活管理访问权限，采集参数无法在线配置等问题，极大地提高了公司的业务管理效率。

第二节 供水管网地理信息系统（GIS 系统）

1. 系统概述

（1）系统建设作用及目标

为满足城市发展的需要，满足城市用水的需要，适应社会高速发展的步伐，供水企业应建立起高效、合理、实用的管网信息系统，采用信息技术手段来集中规划管理地下供水管网，使其规划、建设、管理、维护逐步走向定量化、科学化、自动化。加强管网资料的管理，提高爆管事故的抢修速度，降低漏损率，提升管网管理水平已成为供水企业的当务之急。因此建立供水管网地理信息系统是很有必要的。

供水管网地理信息系统的建设目标就是应用现代地理信息系统技术和计算机技术建立供水管网信息化管理平台，集数据采集、数据查询、更新维护、综合分析和运行管理等功能于一体，为供水管网的规划、管理、维护、施工和运行调度服务，提高工作质量、工作效率和供水安全性，提升企业的管理水平。

（2）系统建设内容

1）系统平台建设

供水管网地理信息系统建设应实现供水管网信息的数字化、网络化、可视化和智能化管理需求，满足编辑浏览、查询统计、打印输出、数据检查纠错、爆管预警分析、抢修辅助决策、管网巡检等功能要求。

2）数据库建设

数据库设计应符合规范要求，属性内容完整，具有一定的扩展性；数据入库方式灵活多样，能够满足不同格式数据入库需求。管网分层合理，应包含管段、管点两部分，管段可根据管径或服务对象进行分层，管点可根据其特征进行分层；每一层可自行设定显示颜色、显示比例等图形特征。

3）数据入库

供水管网数据资料有电子资料和纸质竣工图两种，电子资料一般有外业探测成果数据、CAD 软件绘制的电子竣工图等。管网外业探测成果数据可整理成 *.csv 格式的管点成果表和管段成果表。管点成果表记录管点的本点号、横坐标、纵坐标及管点相关信息；管线成果表记录管点之间的连接关系和管段、管径、材质及相关信息。通常情况下，点线表和电子竣工图可直接入库，纸质竣工图需矢量化处理后入库。

2. 系统架构

在供水管网地理信息系统架构设计中，由于各个职能部门对数据的使用要求是各不相同的，有些需要数据维护权限，对数据库的资料进行及时的更新和维护；而有些则不需要对数据进行维护，在业务上对系统的要求也只涉及浏览、查询、统计、输出等功能。结合实际，供水管网地理信息系统采用 C/S 和 B/S 共存的方式实现数据的维护和业务的管理。

供水管网地理信息 C/S 模式主要面向数据维护人员，分三层架构：第一层为应用界面层，负责与用户的交互，用户通过界面层对系统进行操作，对供水管网系统的信息进行增删查改等操作；第二层为中间逻辑层，处理空间数据及其属性，并将结果传输给应用层；第三层为数据层，负责空间数据和属性数据的存储，为系统提供基本的数据服务。

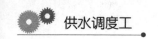

供水管网地理信息 B/S 模式主要面向管网管理和运行调度人员，用于实现基于互联网的管网信息发布功能。该模式下客户端无需安装任何程序，通过浏览器向 WEB 服务器发出查询、统计、分析、输出等请求，WEB 服务器通过调用服务，将结果以 HTML 页面的形式发回客户端。这种方式不仅管理方便、操作简单、界面简洁，而且没有终端数的限制，很大程度上提高了系统的实用性。

3. 系统功能

（1）管网编辑

管网编辑是指因供水管网敷设、改造、报废等原因对管网数据进行新增、修改、删除等操作（图 8-18）。

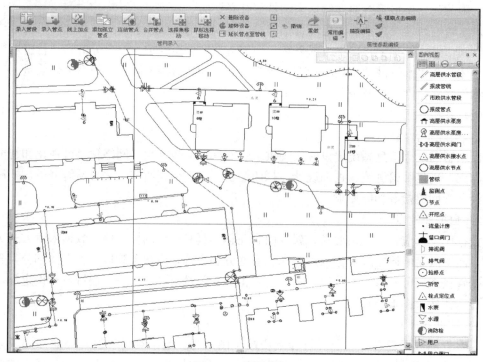

图 8-18　管网编辑

（2）管网查询

管网查询主要包括图形查属性功能、属性查图形功能，可以将用户感兴趣图形要素的属性数据输出或根据属性条件查询出满足用户条件的图形要素。如图 8-19、图 8-20 所示。

（3）管网统计

管网统计是对指定区域范围内的供水管网设施，如管线、阀门、水表等进行不同方式的统计，可按照管径、材质、埋设时间等的统计，以报表或图形（柱状图、饼状图等）方式输出统计结果。如图 8-21、图 8-22 所示。

（4）管网应用

管网应用主要包括关阀方案制定、水力模型计算，具体如下：

1）关阀方案制定：当供水管网系统中某个管段或节点处出现爆管事故，可通过指定的事故发生位置，迅速确定最小停水范围和需要关闭的阀门，如阀门因为故障无法操作，

图 8-19　查询条件

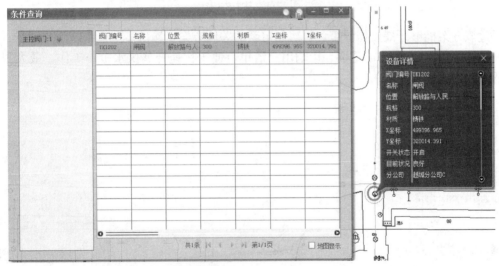

图 8-20　查询结果

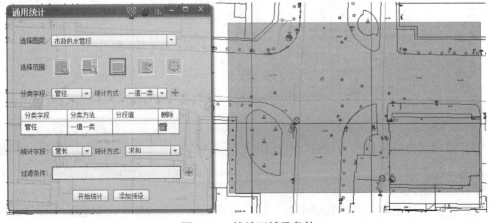

图 8-21　统计区域及条件

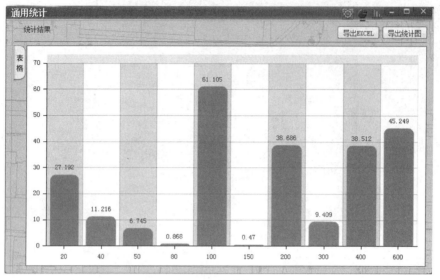

图 8-22　统计结果

则通过该方案能够开展延伸计算，再次制定新的关阀方案，输出需要操作阀门的信息（编号、坐标等）、停水的影响范围、影响用户清单，便于快速开展供水抢修工作，最大限度降低事故造成的影响（图 8-23）。

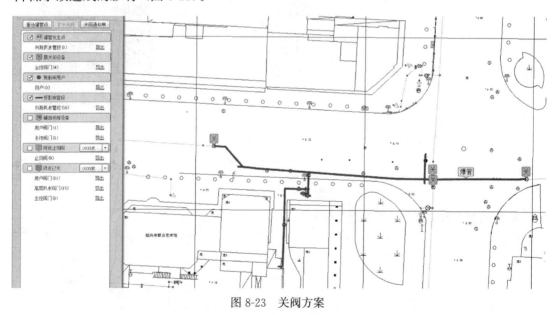

图 8-23　关阀方案

2）水力模型计算：为水力模型计算提供基础的管网拓扑信息和高程信息，进而可根据监测点监测到的流量和压力数据，模拟出供水管网各个节点的流量及压力情况，供相关部门使用（图 8-24）。

（5）地图定位

地图定位是指按照地名、地理坐标、用户自定义标签等信息快速在地图上找到目标位置。如图 8-25、图 8-26 所示。

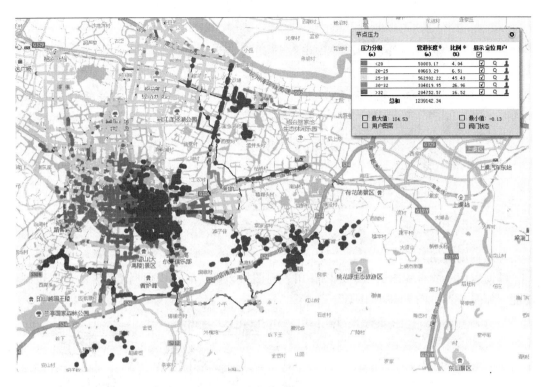

图 8-24　节点压力

图 8-25　百度地名定位

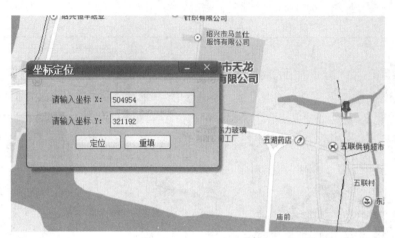

图 8-26　坐标定位

（6）辅助应用

辅助应用一般有地图测量、地图输出、地图打印等功能，或根据工作需要配置定制化功能。如图 8-27、图 8-28 所示。

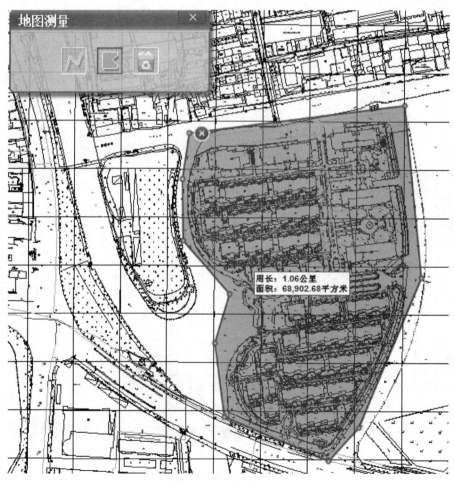

图 8-27　地图测量

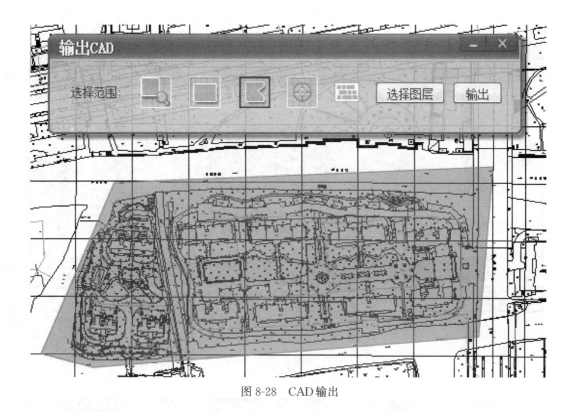

图 8-28　CAD 输出

（7）系统管理

系统管理主要包括数据备份与恢复、用户管理、操作日志管理等，具体如下：

1）数据备份与恢复：供水管网地理信息具有海量的数据信息，为防止系统数据的丢失和损坏，需做好数据备份工作，遇到问题时可快速恢复数据，保证系统功能正常运行。

2）用户管理：系统管理员可以增加、删除用户、修改用户密码，分配用户权限，用户必须根据用户名和密码登录系统，登录后仅允许在自己权限范围内进行操作。

3）日志管理：用户登录地理信息系统后进行的导入、导出、修改、删除、查询、统计等操作都需要有日志记录。操作日志只可查询，不可修改，便于用户操作行为追溯。

4. 移动 APP 应用

（1）监督指挥（图 8-29、图 8-30）

移动 APP 是供水管网地理信息系统深化应用的载体，可查看管理区域内供水管网分布情况及管网设施属性，实时记录各巡检员的位置，通过回放可掌握管网巡检人员的工作轨迹；对内部维修任务数据（包括日常检漏及管线巡检过程中发现的管漏及管破等问题）、外部数据（呼叫中心受理的报修单）进行显示、处理、监督、分析；实现了巡检计划的派发、维修工单的闭环管理、查询统计等功能。

（2）管线巡视

使用 APP 内的 GPS 定位和距离量算功能，可精确定位管线，对管网隐患点进行拍照反馈；管理人员可通过系统轨迹回放查看具体路线，对巡检员的巡检工作量进行考核。如图 8-31、图 8-32 所示。

图 8-29　实时在线人员查看

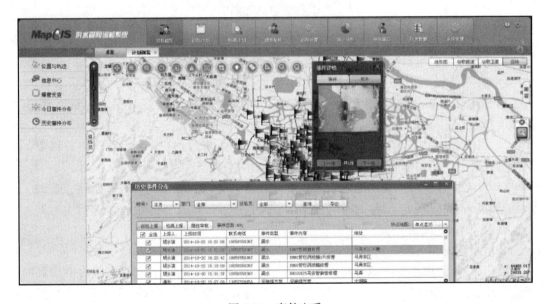

图 8-30　事件查看

（3）设施例检

管网巡检人员根据管网管理部门分配的设施巡检计划，对阀门、消火栓、重点设备等进行巡检，通过 APP 记录管网设施信息的现场情况，并拍照反馈，极大地提高了设施的巡检效率，同时故障的及时反馈和处理有效地保障了设施的完好率和准确率（图 8-33）。

(a) (b)

图 8-31 移动 APP

（a）APP 主界面；（b）地图浏览

图 8-32 轨迹回放

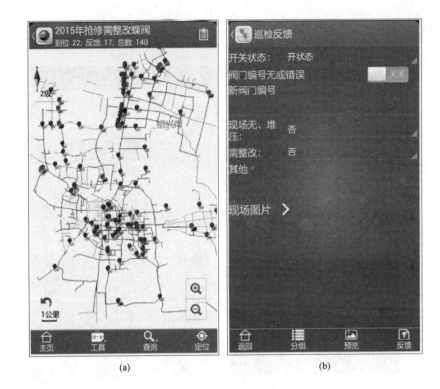

图 8-33　设施例检

（a）例检设施分布；（b）例检反馈

（4）管网抢修

当调度人员获取内部检漏人员、管线巡视人员的 APP 报修信息后，可以将工单直接发送至维修人员的 APP 账号，维修人员通过 APP 接收并存储相关的信息，对该工单的详细信息进行浏览和查询，并立即赴现场开展维修工作。维修人员处理完工单后，可以直接通过 APP 填写工作内容，并通过设备摄像头记录现场处理照片，发送至工单管理系统，最后由调度人员进行退单或销单的审核。一方面可以使维修人员能快速到达现场并及时有效地处理各种维修任务，减少故障时间，提高供水安全性。另一方面，可以实现管理部门与户外维修人员的数据联系通道，形成内部统一的电子化派单、电子化销单的工作流程控制，提高服务质量与水平。如图 8-34～图 8-36 所示。

（5）管网检漏

APP 可为检漏人员提供实时的地形和管网数据，检漏人员无需再靠记忆和咨询调度人员进行检漏，克服了原先由于管线资料不全，部分区域存在检漏盲区的不足，使查找漏点的精确率明显提高。同时各区域分公司可通过工单管理平台添加检漏区域、制定检漏计划，由调度人员审核后将检漏计划下发至检漏部门，再由部门管理人员下派至检漏人员。检漏人员在外进行检漏任务时，发现管漏可通过 APP 上报检漏事件，APP 亦会自动记录检漏人员的检漏轨迹，以便统计检漏计划的完成率。检漏人员完成检漏计划后，检漏部门可根据实际完成情况（检漏人员、检漏日期等）在工单管理平台进行检漏计划的完成申请，调度人员审核通过后可查询统计检漏计划的实际完成率（图 8-37～图 8-39）。

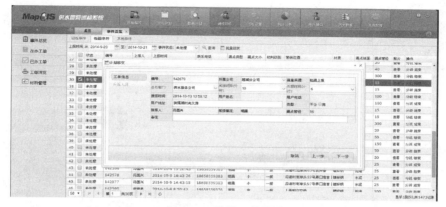

图 8-34 维修工单分派

(a)   (b)

图 8-35 APP 查看维修工单

(a) 工单总览；(b) 工单详情

图 8-36 维修工单反馈

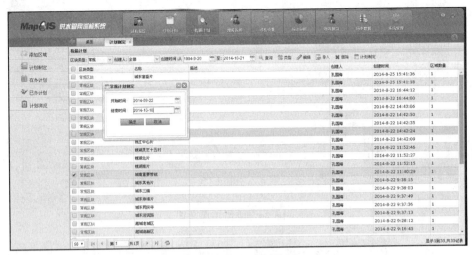

图 8-37　制定检漏计划

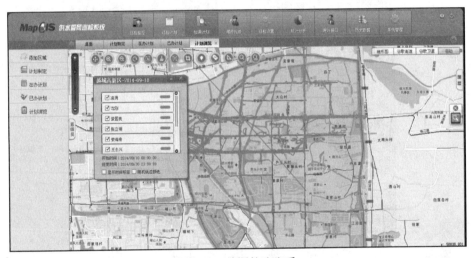

图 8-38　检漏轨迹查看

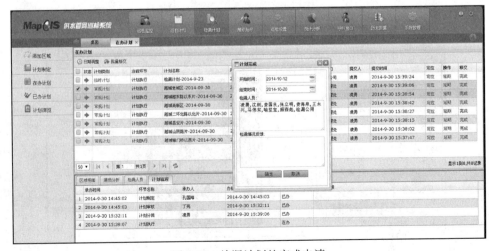

图 8-39　检漏计划的完成申请

图 8-40 事件上报

（6）事件上报

管网管理相关人员在管网巡视、设施例检、检漏过程中发现设施异常、管道破损、管标丢失等情况，可通过 APP 将异常信息（文字或照片）上报，将信息共享给区域分公司和管网管理部门，以便能够快速处置并解决问题（图 8-40）。

（7）隐患点管理

管线巡视人员在日常巡视过程中发现供水管网附近有道路开挖、机械施工、重车出入频繁等影响供水管网安全的现象，应立即向现场人员了解情况，并通过 APP 上报隐患点信息（文字和照片），便于区域分公司和管网管理部门盯防处置。相关人员在盯防处置过程中，需要通过 APP 上报隐患点进展，便于其他相关单位和人员了解隐患点情况（图 8-41、图 8-42）。

5. 案例剖析

时间：2018 年 7 月 20 日 18：30 分

地点：SX 市 SL 路小校场口

（1）监测分析

7 月 20 日 18：30 分，调度中心监控人员王某通过 SCADA 系统发现该市 YC 分公司瞬时流量较前两日同一时间段突增 2000 余立方米/小时；如图 8-43 所示。

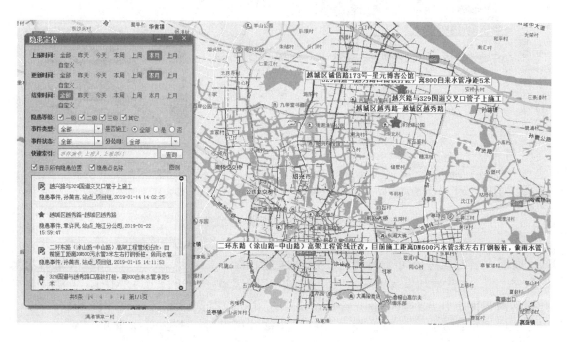

图 8-41 隐患分布

图 8-42　隐患盯防处置

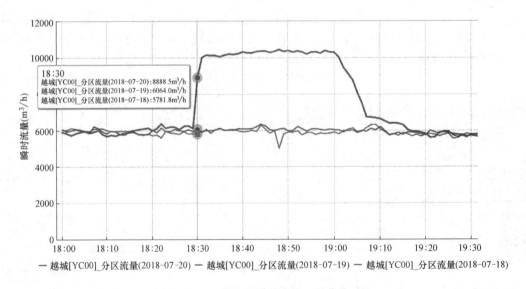

图 8-43　YC 分公司瞬时流量 3 天曲线对比

　　调度人员对该分公司下的所有二级片区进行排查，发现某一二级片区流量有突增，至 18∶33 已增加至 4000m³/h，同时该片区区域压力下降 0.12MPa，上游流量计均不同程度上升，在系统业务管理模块中未发现该时间段此区域有冲洗排放作业，因此监控人员从水量、水压监控点分析判断该片区域发生管道异常事故（图 8-44～图 8-46）。

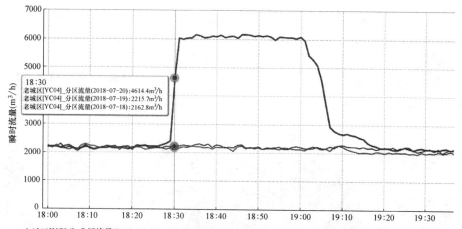

图 8-44　某二级片区瞬时流量突增

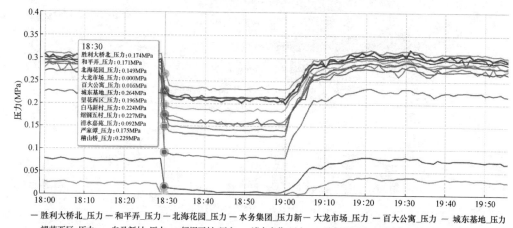

图 8-45　该片区各压力点

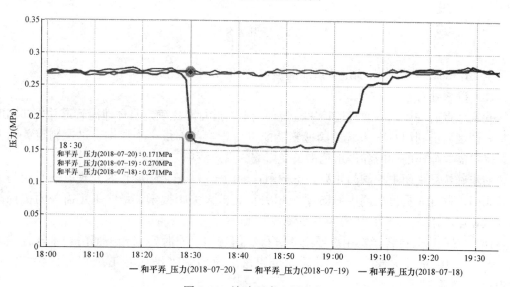

图 8-46　该片区中心压力点

18点34分，调度监控人员立即通知抢修中心及相关部门派人巡查，同时通知客服中心密切关注热线来电情况。

(2) 调度排查

随后调度值班人员通过 SCADA 系统对该片区各监测压力及流量变化情况进行分析，初步确定爆管大致位置，遂分别要求分公司、抢修中心及管线管理部门前往该区域附近进行排查（图 8-47）。

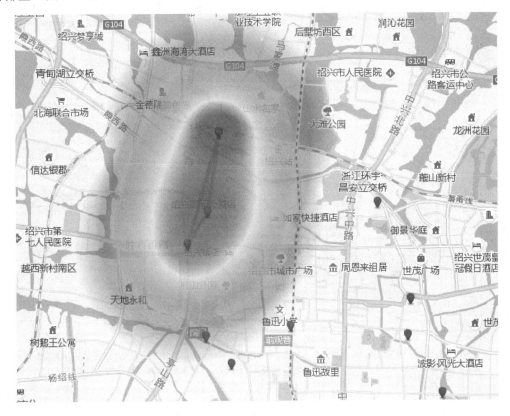

图 8-47 压差分析

至 18：36 经热线反映确定管道泄漏地点为 SL 路小校场口。

(3) 确诊处置

确定地点后现场人员通过巡检手机与现场地形进行对比确定具体泄漏管道并告知调度人员，调度人员利用 GIS 系统关阀搜索功能以受影响范围最小为原则，迅速制定关阀方案，确定需要操作的阀门和停水范围及受影响的用户清单（图 8-48）。

初步确认需关闭主控阀门 4 只，影响用户 60 户，现场实际操作时发现有一只阀门为失效阀门，调度人员再次利用 GIS 系统超关功能扩大关阀搜索，最终确定需关闭主控阀门 6 只，影响用户 60 户；如图 8-49～图 8-52 所示。

18：50 调度人员将影响用户导出并进行短信告知，同时要求相关部门送水至指定地点。至 19：10 完成关阀，片区水量逐步回落。现场调查确认管道破损原因为 SL 路 DN600 铸铁管裂开。

图 8-48 关阀搜索

图 8-49 进行超关操作

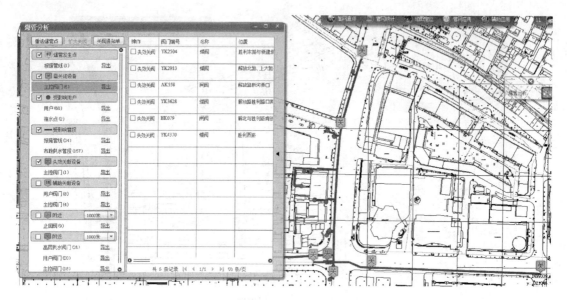

图 8-50　超关搜索

图 8-51　影响用户

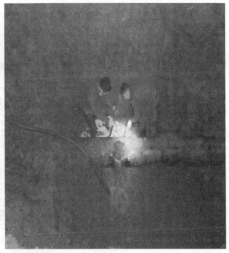

图 8-52　现场情况

第三节　供水分区计量管理系统

1. 分区计量基本介绍

（1）分区计量管理的定义

供水管网分区计量是控制城市供水系统水量漏损的有效方法之一，通过将整个城镇供水管网划分成若干个独立计量区域，通常采取安装流量计或关闭阀门，形成实际或虚拟独立区域，并对每个区域的流量、压力等进行实时监测，从而实现供水量、售水量及漏损水量可分区量化的管理模式。

（2）分区计量管理的体系（表 8-1）

在供水区域内合理设置管网大区，子片区，总考核表（小区、农村、支线考核及终端用户）以及楼道单元表，建立分区计量管理体系和总分表分析管理机制，实现"公司、分公司、片区、支线、户表"点、线、面三者互联互通的五层级分区计量管理体系，为实现单元计量、水量掌握、管网漏损科学控制提供技术支持。

分区计量管理划分　　　　　　　　　　　　　　　表 8-1

分区级别	层级关系	划分依据	划区方式
一级分区	总公司—营业分公司	以行政区域地理分布为主,综合兼顾供水安全和用户服务质效	以安装流量计＋远传为主,关闭连通阀门为辅
二级分区	营业分公司—子片区	以区域内供水管道拓扑结构分布为主,综合兼顾子片区净水量大小（一般不大于 200 立方米/小时为宜）	以安装流量计＋远传为主,关闭连通阀门为辅
三级分区	子片区—小区、农村、支线考核及终端用户	以片区内供水管道同用户接水管道连接关系为主	以安装机械水表＋远传为主,关闭连通阀门为辅

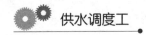

分区级别	层级关系	划分依据	划区方式
四级分区	住宅小区总表—单元表	以住宅小区内总管道同单元楼道立管连接关系为主,建立总分表关系	以安装机械水表为主
五级分区	单元(楼道)表—终端户表	以单元楼道立管同用户户表连接关系为主,建立总分表关系	以安装机械水表为主

（3）分区计量管理与漏损控制

伴随着水资源的日益短缺，供水管网漏损的问题已受到广泛重视，各城市都将供水管网的漏损控制作为一项重要课题进行研究。DMA 分区计量是一项有效的漏损监测技术，更是一种先进的管网管理模式，是未来供水管网管理的发展方向。通过对管网分区内流量、压力、大户水量等重要参数的分析，掌握各个片区的水量变化规律，实现合理评估该片区的漏损水平，缩短漏点的感知或发现时间，及时找出造成漏损的主要原因，预防或避免爆漏事故发生。

（4）分区计量管理模式与实施路线

1）管理模式

通过在供水管网上安装流量计量设备或关闭阀门的方式，将供水管网划分为逐级嵌套的多级分区，形成涵盖"出厂计量-各级分区计量-用户计量"的完善的管网流量计量传递体系。通过监测和分析各分区的流量变化规律，统计评价管网漏损率，将管网漏损监测、控制工作及其管理责任分解到各区域，实现供水管网的网格化、精细化管理。

分区划分应综合考虑行政区划（包括管理资源、管理任务、管理目标等）、自然条件（包括河道、铁路、湖泊等自然边界、地形地势等）、管网运行特征（包括水厂供水范围、压力分布、用户用水特征等）、管网管理需求（包括营销管理、二次供水管理、老旧管网改造等）多方面的因素，并尽量降低对分区内管网正常运行的干扰。

分区划分的级别数量，应根据管网特征和供水单位的管理需求确定。分区级别越多，管网管理越精细，但成本也越高。一般情况下，最高一级分区宜为各供水营业或管网分公司管理区域，中间级分区宜为营业管理区内子片区，一级和中间级分区为区域计量区，最低一级分区宜为子片区内的独立计量区，即通常所说的 DMA，最终建成覆盖全部管网的水量传递体系。

独立计量区一般以住宅小区、工业园区或自然村等区域为单元建立，用户数一般不超过 5000 户，进水口数量不宜超过 2 个，独立计量区内二次供水、大用户应独立计量。

通过逐级分析各计量区最小夜间流量，或者统计对比进入区域内的流量与末端用户的用水量，可以评估各区域内管网漏损状况，及时发现新增漏损和存量漏损，指导开展漏损控制作业。

2）实施路线

分区计量管理有两种基本实施路线：由大到小逐级细化的实施方式，即自上而下的分区方法；由小到大逐级外扩的实施方式，即自下而上的分区方法。

自上而下的分区方法和自下而上的分区方法各有优势，互为补充，供水单位可根据供水格局、供水管网特征、运行状态、漏损控制现状、管理机制等实际情况合理选用。也可以根据具体情况采用自上而下与自下而上相结合的方法，一级分区和独立计量区（DMA）同步建设，其余中间级区域计量区逐步推进。

一般情况下，基础资料较完善的管网、拓扑关系简单的管网、以输配水干线漏损为主的管网，宜优先采用自上而下的分区方法。基础资料不完善的管网、拓扑关系复杂的管网、以配水支线漏损为主的管网，宜优先采用自下而上的分区方法。

2. 分区计量项目建设

分区计量项目设计包括分区边界划定、监测设备选择、工程施工设计、管理平台设计等，形成分区计量项目设计方案。

（1）分区边界划定

宜以安装流量计量设备为主、以关闭阀门为辅的方式划定。根据需要可以在边界处设置水质、水压、漏水噪声及高频压力等其他监测项目。对于采取关闭阀门形成分区边界的区域，应加密设置相关水质、水压监测点和排放口排气阀等供水设施，保障管网水质安全。

（2）监测设备选择

流量计量设备宜以管段式为主、插入式为辅，应具备双向计量功能，设备量程、精度应与管道实际流量相匹配。水压、水质、漏点监测宜选用高可靠性的设备。监测设备供电宜以市电为主、电池为辅，应具备可靠的数据远传功能，并应附带接地、抗干扰和防雷击等装置。

（3）工程施工设计

分区计量工程施工设计内容包括流量计量设备、阀门、在线水质水压监测设备、数据采集与传输装置等设备，设备安装井室，以及其他水质保障和漏损控制措施等施工设计等，并符合设备安装要求。分区计量工程施工设计应与管网新建和改造相结合，同时满足管网分区计量监测和供水安全保障要求。

（4）管理平台设计

分区计量管理平台一般应具备管线长度、用户数量、售水量、分区进（出）水量、夜间最小流量、水压、水质及漏点监控等数据的存储、统计分析及决策支持功能。分区计量管理平台应增强数据保密性，保障数据安全可靠，抵御网络攻击。

设计完成后按相关要求实施，在对工程质量、数据质量以及管理平台进行验收通过后予以上线运行。

3. 分区计量功能

（1）现状漏损控制

通过对管网分区内流量、压力、大户水量等重要参数的分析，实现合理评估该片区的漏损水平（水量平衡程度）。评估的内容包括管网拓扑结构、用户基础信息、供水压力、管道流量等数据收集与分析；现有明显漏水地点的梳理与统计等。通过评估、量化现状漏损水平，找出造成漏损的主要原因，从而决定可采取的漏损控制手段和措施，并落实责任、监管考核，最终取得漏损控制的成效。

（2）新增漏损控制

国际水协将总的漏水时间分为三部分：一是漏点感知或发现时间；二是漏点定位或查找时间；三是漏点修复或处置时间。

一个管网漏点的漏损水量就等于前述三个时间总和乘以漏点的流量。在这三个时间中，漏点的感知或发现时间尤为重要，占主要地位，其次是定位或查找时间。因为在传统的管理模式下，当感受到因漏损造成管网水压不足或漏水渗出地面时，该漏点其实已经发生很久。因此如何缩短漏点的感知或发现时间（尤其是新增漏点）是降低管网漏损水量的关键所在。通过分区计量管理系统的分区流量长期监测，掌握各个片区的水量变化规律，尤其是关注夜间最小流量的变化趋势，能准确判断是否出现新增漏点，最终较好缩短漏点的感知或发现时间，还能有效指导人工辅助检漏，提高检漏工作效率。同时，有效确保防止漏损反弹，有利于管网漏损持续下降，有效预防或避免爆漏事故发生，以及维持、巩固漏损较好水平。

（3）应用成效评估

1）感知内容全覆盖，管网上各类监测传感数量更多，覆盖范围更广，分析敏感度更高。

2）采集信息全掌握，实现管网感知数据和业务信息"一张图"清晰动态管理。

3）漏损分析全量化，实现对所有分区内相对漏损水量（重点为夜间最小流量）分时段自动统计分析。

4）智能预警更实时，监测数据预警的方式多样、级别分层、信息直观、作用实效。

5）智能诊断更有效，分区水量监控手段灵活、图表结合。

6）智能决策更科学，管道爆漏信息实现关联分析，科学决策快速锁定异常区域。

7）有效指导精准检漏，提高检漏工作效率。通过分区计量系统对片区水量实时监控分析功能，及时、准确分析判断突发性或趋势性漏损水量变化状况，合理安排检漏工作，提高针对性、科学性，并且确保做到常规性计划检漏与临时性突击检漏有效结合，动态调整工作重心。

4. 分区计量系统展示

（1）分区计量系统基本展示（图8-53）

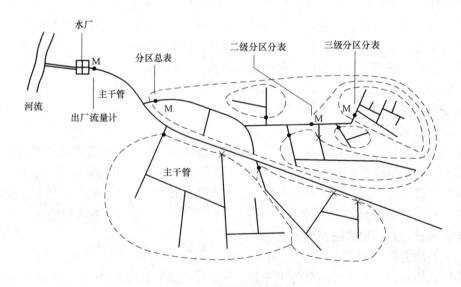

图8-53　分区计量系统图

（2）分区计量系统工作流程

1）利用 DMA 降低无收益水量：DMA 建立后，就成了监测和管理无收益水量（包括真实漏损水量和表观漏损水量）的工具。DMA 分区的无收益水量计算公式（DMA 无收益水量＝DMA 的总进水量－DMA 总收费水量）。在 DMA 分区的所有进水口处都安装水表后，DMA 的总进水量可利用累加器的数据进行计算。

2）计算真实漏损量：DMA 的真实漏损水量实际上是指该区内干管和用户支管的管道漏损水量。漏水如果发生在管道或管道接头的小孔或裂缝处，则会 24h 持续漏水。相反，若漏失发生在用户支管处，则漏失水量随着用户全天需水量的变化而变化。在早晚供水高峰时漏失水量最多，在夜间大多用户都在睡觉，没有用水的时候漏失则最少。因为夜间是用户用水量最小的时候，而干管的漏失是连续的，供水作业人员应该在夜间时段监测漏失水量。

图 8-54 显示的是一个典型的以居民生活用水为主的 DMA 的流量变化曲线图。

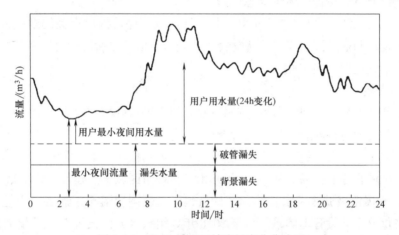

图 8-54　DMA 计量区域流量变化曲线图

5. 分区计量运维管理

（1）管理机制建立

供水单位应加强分区计量运维管理，根据分区计量管理模式、规模等实际情况，建立相应的分区计量管理机构和绩效考核体系，明确奖惩要求和激励措施。

实行区域内管网漏损、管网运行等经营指标分区管理、定量考核，积极推行片长制管理模式，逐级划清管理边界、落实管理责任、明确业务流程，分月或分年下达与漏损相关的各项指标考核目标值，实现"包产到户"、责任到人。

（2）设施运维管理

供水单位应建立健全流量计量设备、远传监测设施、管理平台等运维管理制度和考核办法，明确业务处理流程，形成闭环管理，确保分区计量设施安全稳定运行、数据准确可靠。

1）阀门密闭检查。供水单位应加强分区隔离关闭阀门的密闭性检查，通过采取"零压测试"、关阀放水等措施，定期检查确认片区之间隔离关闭阀门的密闭性，确保独立计量区域封闭严密。

2) 设备巡查维护。做好流量、压力、水质、漏点监测等各类监测设备的定期巡查、故障维护和问题整改等日常运维工作，并建立设备动态管理台账，确保整个系统设施完好、运行可靠。

3) 计量精度比对。供水单位应加强流量计量、压力和水质等监测设备计量比对，通过自行开展在线比对或委托专业机构离线检定等手段，及时发现计量精度偏差，确保计量数据准确可靠。

4) 管道冲洗排放。供水单位应加强分区计量区域内末梢管道水质监管，通过在线监测或人工检测等方法，合理评价管网水质指标，并定期开展管道冲洗排放，确保水质安全。

5) 关联关系核查。供水单位应加强分区计量设备关联关系源头设计和动态管理，定期组织开展片区内供水管线、流量计量设备、用户信息、总分表关系等相互关联关系准确性核查，确保流量计量传递体系动态更新。

6) 管理平台优化。供水单位应根据分区计量成效评估提出有关问题或改进建议，结合日常应用管理和业务开展需要，优化完善或升级分区计量管理软件平台功能，持续提升管理平台技术先进性、实用性。

6. 案例介绍

绍兴水务产业从 2002 年开始，按照行政区划将供水区域划分为五个供水营业分公司，每个营业分公司均通过安装流量计实行营业管理定量考核。截至 2005 年，基本形成以越城、袍江、城东、城南、镜湖等五大营业分公司为主体的一级计量分区，实现区域划分、区域结算、区域管理的格局。从 2010 年开始，在城南区域试点建设二级网格化分区计量，2012 年全面开展绍兴城区供水管线分区计量建设，范围覆盖至下属各个营业分公司，逐步形成网格化分区计量管理体系。截至 2018 年，绍兴水务已设置 5 个计量大区、38 个计量片区，基本建立分区计量管理体系和总分表分析管理机制，实现"公司、分公司、片区、支线、户表"点、线、面三者互联互通的五层级分区计量管理体系，为实现单元计量、水量掌握、管网漏损科学控制提供了有效的技术支撑。

(1) 管理成效（图 8-55）

调度人员通过分区计量监控系统能够及时发现片区水量异常，同时立即做好相关信息传递工作，做到发现及时、判断准确、指令迅速，并为下一步应急抢修工作的开展赢得了主动。每年通过该系统及时预警发现突发性事件 10 多起，累计减少水量损失 3000 立方米/小时；及时预警发现趋势性事件 50 多起，累计减少水量损失近 1000 立方米/小时。基于分区计量管理模式下开展的分区调度、分区控压，实现智能精细化区域压力管理，做到"高峰不低、低峰不高"的按需、科学调压要求，同时实现管网压力平稳、安全、经济，有效减少和杜绝水锤导致的破坏性影响。

(2) 典型案例

2016 年 4 月 20 日 11 点 15 分，调度中心监控人员通过分区计量管理系统发现城东区域迎宾路片区瞬时流量突增 800 立方米/小时，市区入口凤鸣南、北及平水大道流量计各增加 200 多立方米/小时。迎宾路压力监测点从 0.32MPa 下降至 0.28MPa，调度人员初

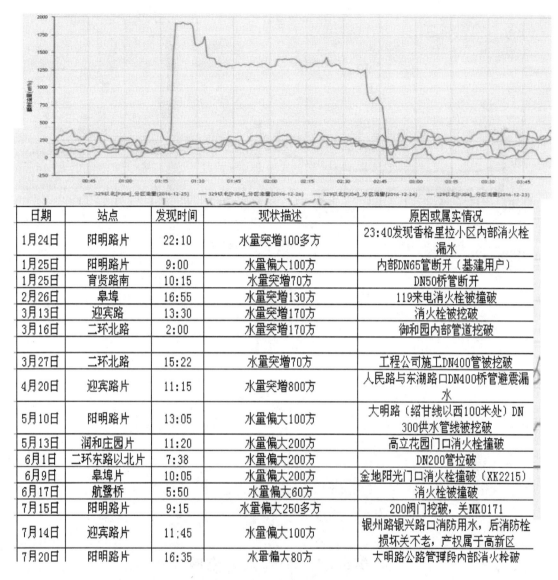

日期	站点	发现时间	现状描述	原因或属实情况
1月24日	阳明路片	22:10	水量突增100多方	23:40发现香格里拉小区内部消火栓漏水
1月25日	阳明路片	9:00	水量偏大100方	内部DN65管断开（基建用户）
1月25日	育贤路南	10:15	水量突增70方	DN50桥管断开
2月26日	阜埠	16:55	水量突增130方	119来电消火栓被撞破
3月13日	迎宾路	13:30	水量突增170方	消火栓被挖破
3月16日	二环北路	2:00	水量突增170方	御和园内部管道挖破
3月27日	二环北路	15:22	水量突增70方	工程公司施工DN400管被挖破
4月20日	迎宾路片	11:15	水量突增800方	人民路与东湖路口DN400桥管避震漏水
5月10日	阳明路片	13:05	水量偏大100方	大明路（绍甘线以西100米处）DN300供水管线被挖破
5月13日	润和庄园片	11:20	水量偏大200方	高立花园门口消火栓撞破
6月1日	二环东路以北片	7:38	水量偏大200方	DN200管拉破
6月9日	阜埠片	10:05	水量偏大200方	金地阳光门口消火栓撞破（XK2215）
6月17日	航鏊桥	5:50	水量偏大60方	消火栓被撞破
7月15日	阳明路片	9:15	水量偏大250多方	200阀门挖破，关NK0171
7月14日	迎宾路片	11:45	水量偏大100方	银州路银兴路口消防用水，后消防栓损坏关不老，产权属于高新区
7月20日	阳明路片	16:35	水量偏大80方	大明路公路管理段内部消火栓破

图 8-55 分区计量管理成效

步判断迎宾路方向发生管道爆管（图 8-56）。

　　11 点 20 分，调度中心监控人员立即指令抢修值班人员出警查看，11 点 30 分，通过OA办公系统群发区域水量异常短信通知，对外信息发布及用户短信。12 点 20 分，现场巡查人员发现人民路东湖路口 DN400 桥管避震破损，桥下漏水情况严重，抢修人员立即实施关阀止水工作。12 点 50 分，开启分区阀门，13：10 水量正式回落。整个事件从发现到处置完毕总共用时不到 2 小时。

　　此次事件调度值班人员通过分区计量监控系统，及时发现了片区水量异常现象，并立即做好信息传递工作，做到发现及时、判断准确、指令迅速，为下一步应急抢修工作的开展赢得了主动。

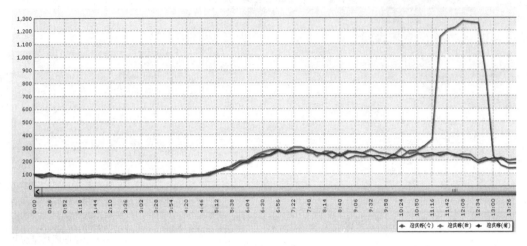

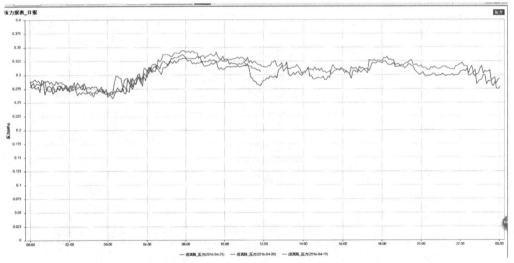

图 8-56　分区计量系统突发事件监控信息

第四节　管网水力模型

1. 供水管网生命周期分析

随着经济发展，城市建设步伐加快，供水管网规模得到迅速发展。面对日益复杂的管网系统，城市供水设施的建设者和管理者面临着前所未有的挑战。给水管网系统的管理，从规划设计、施工建设、运行维护、更新改造的整个过程是一个全生命周期的管理过程，每个环节的执行质量与后续环节的命运息息相关，因此应用管网软件辅助分析决策十分必要。

（1）项目规划

管网的近期规划和远期规划是用来设计系统扩建以及未来 5 年、10 年或 20 年的用水情况。规划设计者应仔细研究供水系统的各个方面，确保输配水系统在当前和未来设计运行可靠、高效、安全。模型能结合现有给水管网，根据人口分布、土地利用等规划信息确定分配水量，分析比较不同规划方案的优劣。

（2）改扩建方案分析

在城市和给排水管网总体规划的指导下，在管网模型现状校核的基础上进行供水瓶颈分析、水质分析、多方案比较等，并结合实际情况，制定实施计划。

（3）工程设计

在方案分析和实施计划的指导下，用 CAD 软件进行工艺图与施工图设计。

（4）工程审核

对工程的每一阶段，如材料、造价、进度、施工队伍等，进行审核。

（5）施工建设

按图施工，并通过水力模型评估指导冲洗作业、关阀兜口等作业方案，尽可能降低作业对现状供水的影响。

（6）资产管理

提交竣工图，把管线及阀门、水表等附属设施等信息录入 GIS 并同步至模型系统，把水表等用户信息录入营收系统。

（7）运行管理

在实施监测和预测的基础上，对水泵站调度、阀门启闭、水厂运行、事故处理等，在管网模拟的指导下，通过调度预案进行实现。

（8）维护管理

给水管冲洗、消火栓维护、检漏防渗等日常工作，在模型的指导下进行。

上述八个环节循环进行，每一个环节都将影响到管道的最终寿命。

2. 供水管网建模技术分析

水力模型是真实系统的一种数学描述，因此收集数据是管网建模的第一要务。模型数据来源可分为四大类。第一类管网地理信息，比如管网系统图、地形图、竣工图或者是综合以上三者的地理信息系统，此类信息表达了管道拓扑关系、管道属性、水表阀门位置、高程、压力边界等信息；第二类营收数据即水表抄收水量与抄收周期；第三类供水系统测试数据，如水泵特性曲线、管道阻力系数、普通用户用水规律等；第四类 SCADA 数据，如压力点、流量计、水位、水质远传水表水量等数据。

GIS 系统连接：把地理信息系统上的地面高程，通过数字化处理，转化成管网模型节点高程；通过视图把 GIS 数据库中图层要素转换模型数据库中的组件，同步把其中的附属信息转换成模型数据库中的组件属性。GIS 和模型数据库可以各自独立维护，互不干扰，也可以在 GIS 平台上实现一体化集成。

节点流量分配：对给水系统，节点流量根据不同实际情况，可以采用水表点对点就近分配、多边形对应点聚集分配、总水量多变形等额分配等方法。无计量水量一般按沿线流量法分配，或根据系统特性调整分配比例。

模型简化：模型简化是建立在微观模型基础上，根据模型的使用目的，在保留正常需水量情况下，按一定简化原则合并删除部分管道而不产生明显精度影响，以提高系统运行效率的模型。模型简化以水力条件等效为原则，常用的简化方法有枝剪法，管线串联合并法，平行管简化法等。

SCADA 系统连接：SCADA 数据对水力模型的校核与应用十分重要，包括了在线监测点基于时间的流量、压力、水泵运行、水位和设备状态记录，尤其适用于延时模型的分析，有助于分析在线模型稳定性。

其他一些数据源的数据，如事故记录、维修记录等，也要以一定的原则，与模型相连接，从而更好地为模型生命周期内的分析预测任务服务。

3. 供水管网模型应用技术分析

建模的过程涉及面广、耗费时间周期长且工作量大，所以模型使用目标的实现显得尤为重要。模型建设和使用过程也不应看作是建模人员单一的努力，而是以建模人员为核心的公司相关岗位人员提高分析解决问题能力的必要手段。

（1）供水管网水力模型的模拟运行

供水管网水力模拟是指用计算机技术来描述物理管网，通过数学科学计算，把供水管网的各种运行状态，以计算机的方式表达出来。在现实情况下，无法或不能全面了解管网的运行状态，通过计算机模拟，人们可以预测在各种可能的发生情况下管网系统做出的反应，从而为管网的设计、运行、管理提供决策依据。

管网水力模拟的常规方式有三种，即稳定状态模拟、延时状态模拟、瞬变流状态模拟。

稳定状态模拟：在人工确定初始边界条件的情况下，对某一个固定时间点的工况模拟，代表系统在相对稳定条件下的状态。这种类型适用于消防校核或系统平均需求条件下的评价分析。

延时状态模拟：在人工确定初始边界条件的情况下，系统模拟一段确定时间的变化。这种运行方式的基础仍然是稳定流理论，而不是动态模拟。这种类型适用模拟水箱的充满与放空、调节阀门的开关过程、因需求变化引起的压力和流速的改变或各种条件组合下的工况分析。

瞬变流状态模拟：在人工确定初始边界条件的情况下，应用动态模拟理论，模拟水力系统中发生的从起始恒定流状态到目标恒定流状态的流量与压力变换的水力过渡过程。这种类型适用水泵启闭、断电、阀门短时间快速操作产生的水锤分析（图8-57）。

（2）基于SCADA监测数据的模型校核

应用SCADA的实时监测数据进行模型校核，是模型应用成功与否的关键。水力模型的准确度依赖于对其校核的程度，校核决定了模型再现现有工况的能力，校核亦可以帮助建模人员定位建模过程中产生的错误，并掌握影响模型系统精度的敏感因素。

模型校验过程，按照"先易后难，先局部后整体"的原则，模型校验分为粗调和微调两个阶段实施。

粗调：①水力计算后，使用模型具有的排序和颜色编码来检查节点流量和水压、管线流量和流速等的最大最小值，对结果不合理的节点、管段，首先核查其相关管网拓扑关系、阀门开启度，其次排查仪表、管径、管长、标高、实测压力和流量数据等基础数据的准确性；②低谷用水工况校核：此时用水量较小，计算结果与实测结果相近度高，检查其差别较大的节点和管段，是否存在基础数据输入错误，并记录差别较大的节点和管段。③高峰用水工况校核：此时用水量较大，计算结果与实测结果差别较大，检查其差别大的节点和管段的基础信息，改正所有输入错误，并记录差别大的节点和管段。

微调：在粗调的基础上，对节点、管段等进行一定的分组处理，有针对性地在合理的

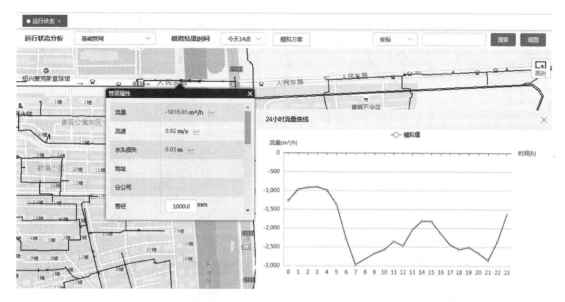

图 8-57　24 小时延时模型

范围内调整不确定因素，或者用软件系统自带的遗传算法，对节点流量、管道摩阻、水泵特性曲线等参数进行调整，从而做到模拟结果与实测数据最接近的目的。在需要的情况下，以上方法可以综合使用，一个较为理想的校验结果往往是通过多次"试—再试"，逐步逼近的方法完成的。

（3）供水管网优化设计

基于供水管网水力模型的优化设计，可分为现状分析、规划设计和多方案比较三种方式。

现状分析是通过对校核后的模型结果进行分析，找出系统的薄弱环节和瓶颈，如流速高、压损大、摩阻系数超过正常范围的管段，水龄过大的节点，出水量和水压与特性曲线相近的泵等，并提出科学合理的改造方案或有效的调度调节措施。

规划设计是在城市规划、区域规划和用地规划的基础上，在现状分析结果的指导下，进行给水管网的近期和远期规划设计。通过仔细研究供水系统的特点，确定大型工程项目对保障未来 5 年、10 年或 20 年用水的可行性与必要性。

多方案比较是对规划、设计、施工等生命周期内的不同阶段，都要从技术、经济、管理、社会效益等不同的角度，进行多方案比较，综合分析利弊以选择最优方案。

（4）事故应急处理

事故应急是模型系统应用最直接、最迫切、最实际的一个需求。

爆管定位：利用模型模拟管道爆管或漏失事故，建立事件数据库。当在线监控 SCA-DA 数据发现管网流量、压力异常状态时，通过分区报警、数据清洗、报警过滤、模式识别等技术手段，为调度人员提供爆管事件可能的区域范围，提高异常事件排查处置的工作效率。

实例：2019 年 6 月 12 日 8：10 中兴路东（二级片区）水量突增，8：13 水力模型事件预警系统给出定位结果。（图 8-58～图 8-60）

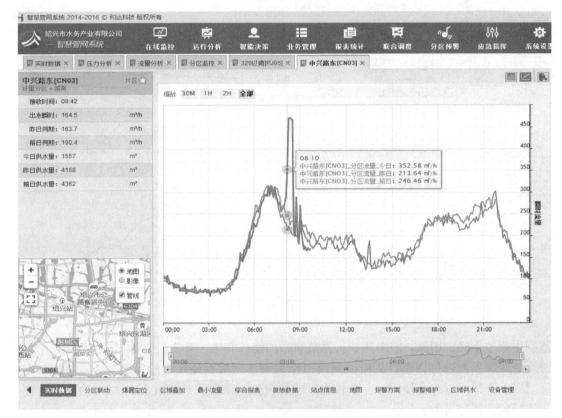

图 8-58　二级片区水量异常图

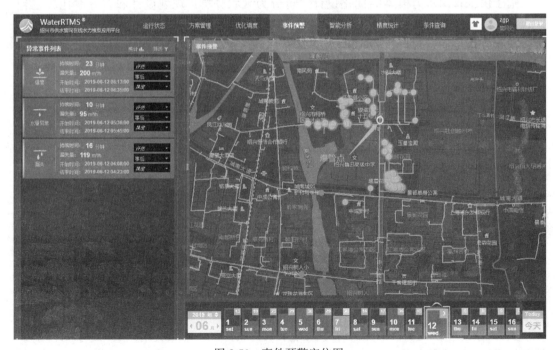

图 8-59　事件预警定位图

爆管分析：现场确定爆管点后，在水力模型平台上点选爆管位置，系统搜索出需要关闭的阀门位置、编号等信息，通过关阀模拟计算，系统从关阀后管网压力、流量、流向、流速变化等方面影响程度评估，便于主动采取相关措施，预防事件影响面扩大。

图 8-60　爆管分析图

供水路径分析：当 SCADA 系统监测点出现低压或者水质异常现象时，在排除当地仪器仪表或管道设施的问题后，使用供水路径分析，通过追溯上游路线查找事故原因。

（5）节水节能

提供合理的节水节能方案也是管网水力模型的重要作用之一。

分区设计：分区管理是管网漏损控制的有效手段，受现实情况限制，分区试验成本和代价较高，在模型中虚拟实现则比较方便，而且可以统计区域面积、区域日水量、远传占比、管线长度等指标帮助评估分区合理性，并模拟分区关阀造成的影响提供最优分区方案。

能耗管理：泵站电耗是供水企业的一项主要支出，水力模拟可以用来研究在满足系统运行服务需求的前提下，不同的泵站调节控制模式产生的能耗，比选出经济合理的泵站调节方案。

预案制定：模型模拟不同工况下的调度预案分析，比如高峰供水、事故预案，应急供水预案，指导管网调度，兼顾经济效益与社会效益。

总之，在给排水管网生命周期的每一个阶段，模型都会从科学、经济和社会效益的角度，以及从全局范围内，考虑各种工况，为我们的工作提供技术支持。管网建模与模型校核是模型应用的关键，成功与否关系到其生命周期内各项工作的准确度与合理性。模型应用不是一个简单的使用程序的过程，而是一个应用软件技术，在给水生命周期内，进行系统研究、创造和发挥的过程。模型应用专业人员的培养也是模型事业发展的关键。模型应用单位要把模型维护当成一个长久的工作,在管网生命期的各项工作中充分应用。

4. 在线水力模型应用平台

为了使得水力模型能够得到更加广泛的应用,开发供水管网智能化管理平台,将动态水力模型、GIS、管网监测、方案管理、优化调度、事件预警、智能分析、统计报表和精度统计、条件查询等各功能进行整合,形成适合供水企业日常运营的全面高效管理平台。

在线供水管网智能化管理平台基于管网动态水力模型、GIS 系统,与 SCADA 数据、营业数据等实时连接,并集成有在线仿真、模型在线校核、实时监测、远程控制与信息集成等功能为一体的供水管网智能化管理平台。该平台成为供水企业管网实时监控与动态决策的运营管理平台。

第九章

质 量 管 理

第一节 概　　述

自来水的水质直接关系到人民生活健康和工业企业产品质量。就当前改革开放和人民对美好生活向往形势来说，也关系到我们的投资环境、社会环境的改善，因此，水质好坏是关系到国计民生的大事，是关系到国民经济的全局。要把"质量第一"作为企业管理中的一项长远方针，尤其是涉及城镇千家万户每天必须饮用，不同于其他任何产品，更为重要。

1. 质量的概念

质量属于使用价值的范畴，因此应当以使用价值作为质量的最终评价。未经净化或净化未达标的自来水，含有很多有害杂质，它不能直接饮用，也不能满足工业产品对水质的要求，更不能作为各种饮料的原料。因此，使用价值必然要表现在满足用户在使用过程中的要求上，脱离广大工业用户和居民对水质的要求谈质量，显然是没有意义的。一般说，质量是适合一定用途，满足用户需要的各种特性，或称为适用性。这种适用性表现为水的色、味安全、可靠，对水的供应广义来说还表现为使用方便等服务质量。质量的标准就是对这些质量特性所作的定量规定，就自来水来说就是国家饮用水卫生标准中规定的指标和最起码要达到的指标水平。确切地说，自来水的质量就是水量、水质、水压和服务满足规定要求的一切特征和特性的总和。从质量这个定义可以看出，质量的好或差，实质上是指满足用水用户需要的程度，而用户的需求则是确定质量标准的依据。用户对水质随着工业产品质量的提高和人民生活水平的不断提高而相应提高。我们为了满足用户的需要，就要想方设法不断提高水质和服务供应的水平，这才是供水企业职工正确的质量观念。

2. 提高供水质量的意义

质量是企业生命线，提高供水水质尤其重要：

（1）水质好坏是供水企业的生命，因为它关联着人民的身体健康和工业产品的质量提高。

（2）自来水供应具有区域垄断性，也无法用其他产品替代。由于它的连续性，输出去

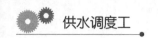

以后没有挽回的余地，所以更显出它不同于其他产品所独有的特性。它虽不参与竞争，但它有力地影响着其他产品的竞争力。

（3）自来水水质和其他产品一样影响着企业效益，包括经济效益和社会效益，但供水企业更重要的是社会效益，也影响着供水企业在社会上的声誉。

3. 质量管理的概念

质量管理就是达到或实现质量的所有职能和活动的管理，包括质量政策的制定，质量目标或水平的确定，以及企业内部或外部有关质量保证和质量控制的组织和措施。国际标准和国家标准对质量管理的定义是"质量管理是在质量方面指挥和控制组织的协调的活动"。对于企业来说，质量管理主要包括两方面内容，即：质量保证的质量控制。质量保证是自来水企业对用户实行质量保证。其内容是为了维护用户的利益，全用户满意，并取得信誉的一系列有组织、有计划的活动。质量保证是现代企业质量管理的核心。质量控制是在取水、制水过程和输配服务过程中采取技术和组织的措施，以及实施这些措施的具体活动。例如现场质量控制的七项考核指标，经定时测定分析后，与标准进行对比（一般是企业标准总是高于国家标准），并对其出现的差异采取措施，进行不断的调节管理，所以质量控制是质量保证的基础。

4. 质量管理基本任务

企业的质量管理是多方面的，内容极其广泛，但就其基本任务来说，大致概括三个方面：

（1）确定供水调度的质量目标

不仅有近期的质量目标，还要有长远的质量战略目标，例如水质指标中的浊度，近期目标管网用户水浊度达到不大于 1NTU，远期要达到 0.5NTU 以下。实现这些目标要考虑到净水厂的技术基础和管网的基本要求及其他供水要素条件，当目标确定以后，还要制定一系列达到这一目标的各种措施，以保证目标的实现。

（2）制订企业全面的质量规划

有了质量目标以后，还必须制订全面的质量规划，在这个规划中，围绕所要达到的质量目标，落实可靠的技术措施、组织措施，其中包括资金来源，净水设备和管网的更新改造，技术力量的培训，研究开发的计划，以及先进的质量管理方法和手段的推广与应用等。同时要按照目标的要求，从时间上和任务内容上把指标层层分解和落实到各个部门、各个环节和各种人员身上，要有明确的责任制度，并且各有关部门必须密切协调和配合。

（3）建立健全企业的质量保证体系

企业质量管理水平高低的重要标志，就是企业有没有建立一个有效的质量保证体系，这也是能否实现质量目标的关键。质量保证体系的根本任务，就是要通过对工序的质量控制实现符合目标要求的标准出水。如果对象是用户的话，这个保证体系还应包括提供优质服务，甚至包括优质的管道施工和检修养护的质量。

第二节 全面质量管理

1. 质量管理的发展过程

根据国内外的经验，全面质量管理在发展过程中大致可以分为三个阶段。

（1）质量检验阶段

对供水净化过程来说，这一阶段质量管理的基本特征有如下几点：

1）强调车间检验的监督职能，它对原水、沉淀水、滤后水、出厂水进行有关指标的检验，它有权决定各道工序的水质是否合格的职能。

2）检验要求，一般是每小时检验一次，固定每道工序的取水点位置，今后可以发展到连续监测仪器进行连续监测，也可以规定一个时间间隔，连续打印在自动记录仪的记录纸上。

3）对净水工艺的每一个环节实行层层把关，按照预定的质量控制点，进行有效的控制，把暴露出来的不合格因素，消除在生产过程之中，保证出厂水的质量符合标准要求。根据这一要求，车间三班化验应该从生产部门独立出来，便于相互制约，实施有效的监督。

（2）统计质量控制阶段

过去我们对质量检验偏重于出厂水和管网水的检验。这时不合格的水质已经产生，而且已经被用户接受。因此这种检验方法虽然需要，但处于消极和被动状态，更主要的是对生产过程的检验，每一时间间隔都要抽样检验。不但要检验，而且对检验出来的数据进行分析，利于生产部门实行动态控制，及时采取措施。这在全面质量管理中称以预防为主的方针，由于这一阶段的质量管理活动广泛地引用了统计分析方法，所以被称为统计的质量控制阶段。

（3）全面质量管理阶段

从质量检验阶段到统计质量控制阶段，虽然前进了一步，但随着科学技术的进步，又出现了系统分析方法，要求用系统的观点来分析质量和质量管理中的问题，这就进入到全面质量管理阶段。

系统的观点，就是看问题不能孤立的看一点，而是要看全局。例如整个水循环是一个系统，它的目标是使整个自然界形成连续的良性循环，合理利用水资源。水循环过程中有很多要素，而且各个要素之间有着密切联系，例如上水与下水之间有着密切联系，尤其是当水资源紧缺的情况下更为明显。例如总有人怀疑引起肝炎流行的原因是供水的水源受到排水的污染，我们认为可以这样怀疑，不是绝对不可能的事，但要作调查分析，并采取必要的对策。因为整个水循环中可分成自然循环和人工循环两个大类，一方面有人认为水资源紧缺，但又发现有人在污染糟蹋水资源；一方面认为地下水是宝贵的，但另一方面又在破坏地下水。这说明系统中的各环节、各个要素是紧紧相扣的，如果你把管理中各个环节都隔离开来，就会产生这个管理与那个管理之间的空隙，而造成管理上缺陷。我们要研究水循环中的问题，分析它们是怎样联系的，如果没有一个相应的组织形式来考虑，就会产生问题，这就需要加强人工循环的作用，去弥补和完善自然循环中的问题。上面所举的肝炎病菌污染问题，如果我们在这一水循环中加强消毒，使出厂的自来水不带这类病毒，是完全能做到的，这就是整个水循环中人工循环所起的作用。由于排污超过自然循环净化能力的那一部分，用人工的方法加以强化，使其始终保持良好循环的状态。

我们的供水系统是整个水循环大系统中的一个支系统，这一系统有一定独立性，所以依旧可以用系统分析的方法对原水保护、取水、净水、输配水的每一个要素进行分析，不能孤立来分析取水、净水或输配水，而是要研究和分析他们之间的内在联系，不能单独来研究净水的去除率多少，要求整体的最佳。这样就要求在系统分析的基础上选择最佳方案、最佳控制和最佳管理，以达到最佳效益。

2. 质量管理的特点和内容

（1）"三全"管理思想

1）全面的质量概念

全面质量管理中的"质量"是一个广义的质量，它不仅包括一般的质量特征，而且包括了成本质量和服务质量。成本质量就是要价格低廉，符合"价廉物美"的原则。服务质量就是要使用户感到用水方便，压力和流量足够，而且还包括维修管道的质量。

2）全过程的质量管理

从自来水服务供应角度来讲，应该包括从水源到用户龙头的全过程质量管理，它包括了设计过程、制水过程、输配过程。质量并不是由检验来决定的。所以抓质量管理关键在以上三个过程。

3）"全员"参加质量管理

产品质量是企业职工素质、技术素质、管理素质、领导素质的综合反映，涉及全体部门和广大职工，提高水质和服务质量需要依靠企业广大职工共同努力。因此，从企业领导人员到每个工人，人人都要参加到质量管理中来，广泛开展质量管理小组活动（QC活动），使企业质量管理有扎实的群众基础。

（2）"四个一切"观点

即：一切为用户服务的观点；一切以预防为主的观点；一切用数据说话的观点；一切按PDCA循环办事的观点。

PDCA循环中P（Plan）代表计划、D（Do）代表执行、C（Check）代表检查、A（Action）代表处理，是办事的逻辑过程。在PDCA循环中，质量管理活动可分为八个步骤，即：第一步，找出质量存在的问题；第二步，找出存在问题的原因；第三步，找出原因中的主要原因；第四步，根据主要原因，制定解决对策。以上四个步骤属计划阶段；第五步，按制订的解决对策，认真付诸实施，这一步属执行阶段；第六步，调查分析对策在执行中的效果，此为检查阶段；第七步，总结成功的经验，并整理成为标准，坚持巩固；第八步，把执行中不成功的或遗留问题，转入下一个PDCA循环中去解决，最后两步属处理阶段。通过一次PDCA循环，解决了一些问题，工作就前进了一步，质量就提高了一步，再在下一个新的水平上进行PDCA循环。

3. 质量保证体系

"质量保证"一词在GB/T 19000/ISO9000已经定义为"质量管理"的一部分，其定义为："质量管理（3.2.8）的一部分，致力于提供质量要求会得到满足的信任"。质量保证体系是企业内部的一种系统的技术和管理手段，是指企业为生产出符合合同要求的产品，满足质量监督和认证工作的要求，建立的必需的全部的有计划的系统的企业活动。它包括对外向用户提供必要保证质量的技术和管理"证据"。这种证据，虽然往往是以书面的质量保证文件形式提供的，但它是以现实的内部的质量保证活动作为坚实后盾的，即表明该产品或服务是在严格的质量管理中完成的，具有足够的管理和技术上的保证能力。

质量保证活动涉及企业内部各个部门和各个环节。从产品设计开始到销售服务后的质量信息反馈为止，企业内形成一个以保证产品质量为目标的职责和方法的管理体系，称为质量保证体系，是现代质量管理的一个发展。建立这种体系的目的在于确保用户对质量的要求和消费者的利益，保证产品本身性能的可靠性、耐用性、可维修性和外观式样等。

建立质量保证体系，一般要做好下列工作：

（1）制订明确的质量计划

在企业质量规划的基础上要制订一套明确年度的质量计划，质量计划中要明确项目、分部门、分期进行落实，并要有检查、有分析，保证质量改进措施达到预期的目标。

（2）建立一套灵敏的质量信息反馈系统

信息来自企业内部各道工序的数据和运行技术状态，也来自企业外部信息，外部的信息要作详细的分析，追根究底，也有可能从企业外的信息来判断企业内的运行状态，对这些信息不光要有一套灵敏的反馈系统，而且要明确职责，对信息作动态分析，并要检定其分析的准确性。

（3）建立一个综合质量管理机构

综合质量管理机构是来自企业内动态信息，企业外用户服务方面信息的集中反馈中心，它的作用在于统一组织、计划、协调综合质量保证体系的活动，检查、督促各部门的质量管理职能，开展质量教育和推动 QC 小组活动。

（4）组织企业外单位的质量保证活动

例如水厂药剂提供的如絮凝剂、消毒剂等生产厂商，要经常去检查他们的质量状况，药剂的杂质含量，有毒有害物质是否超标，原材料的来源，也可组织几家生产厂家进行提高产品的技术交流活动，对生产过程中的质量控制进行技术指导等。

（5）建立一个有效的质量检验工作体系

为了充分发挥质量检验部门在质量保证中的作用，一是要正确规定检验的范围和设置专职检验点，形成一个严密的检验工作体系；二要合理选择检验方式和方法；三要不断提高检验人员的工作质量，大型自来水企业一般要建立三级检验工作体系，中小型企业可以分成二级检验体系，第一级是车间检验，它是负责制水过程中各质量控制点的检验，以指导和检验制水过程中的各个环节控制的有效性；第二级是厂级检验，它是负责出厂水的检验；第三是公司检验部门。它是负责管网水的检验，按国家规定，根据供水区域大小设若干个取样点，每天检验一次。

（6）广泛组织开展质量管理小组活动

质量管理小组通称为 QC 活动，它是群众性质量管理的有效形式，可以围绕本部门所存在的质量问题，运用质量管理的科学方法和专业技术，自由结合，可以是本部门的，也可以跨系统的，只要三人以上，即可组织 QC 活动小组。它不仅是实现质量目标，提高经济效益的保证，而且有助于培养人才、开发智力和锻炼职工管理能力的一种好形式、好方法。

（7）实现管理业务标准化、管理程序流程化

一般要经历现状写实、分析改善、试验、标准执行四个步骤，使质量保证体系各个环节的管理标准化和程序化，它明确规定各环节的质量工作职能、职责、权限，并把各单位工作体系之间的关系，在公司内和公司外联结起来。

4. 质量管理常用方法

（1）建立质量统计分析和统计推断的基本观点

1）质量统计分析和统计思考方法的基本概念。第一，首先要认识到供水净化及输送过程中几个水质特征值是有波动的，不管如何保持条件稳定，其动态变化总会有些差异，

这就是波动性。第二要找出波动原因。水质波动原因很多，有原水水质变化、投药量波动、操作者原因、设备问题、取样方式方法及其随机性、测定分析误差等。在分析原因时，通常是根据其作用的性质，把原因分为偶然性原因和系统性原因两类。这种分类方法有助于各道工序的质量控制。第三，要找出水质特征值的波动规律，在供水过程中，尽管其他条件都很稳定，出水水质特征值还是有波动，这是偶然性原因存在的影响。如果对水作大量较长时间的分析，还是有一定规律的，可以用频率统计的方法，其中用得最多的是正态分布。

2）质量的统计推断观点，由于取水样时不可能把所有水体都进行检验，而只能采用抽样方法，尽管时间间隔限在一小时一次。统计推断的规定，就是要从检验一个水样的质量特征来推断整体水体水质的统计特征，并且要求这种推断结果保持一定的可信度。

（2）质量管理常用的统计分析方法

统计分析方法很多，有的适用于供水系统的质量管理，有的适用于其他工业产品的质量管理，所以不作具体介绍，只作一般说明。

1）排列图法

排列图法也称 ABC 分析法。排列图又叫主次因素分析图，它是用来找出影响质量主要因素的一种有效工具，按每一环节出现频数，求出其出现的累计百分数，按次序分 A 类、B 类、C 类，即为主要因素、次要因素和一般因素，然后我们重点去解决 A 类因素。

2）直方图法

通过直方图法，可以判断处理完毕以后水的质量，验证净水工艺整体的稳定性，为计算各道工序能力收集有关数据。

3）控制图法

又称管理图，其方法是把水样的测定值，按其大小，按水样号或时间顺序画在图上，根据图上点的分布情况，对生产过程的状态做出判断，可以起到监控、报警和预防出现水质超标的作用。

4）因果分析图法

它是用来寻找某种质量问题的所有可能原因的有效工具，最终找出根本原因，然后采取对策。

5）相关图法

又称散布图法，这种图主要用来分析两种因素之间是否存在相关的关系，有强相关、弱相关、不相关等。

6）分层法

分层法是加工整理、归纳数据的一种重要方法，又是分析影响质量的一种方法，它把错综复杂的原因及其责任划分清楚、理出头绪，以便找出问题症结，采取对策措施。

7）统计分析法

统计分析法就是企业用于统计、整理数据和分析质量问题各种表格。统计分析表可用以对影响产品质量原因作粗略的分析和判断。

以上七种方法，只作了提示性的介绍，在结合实际应用时应参考有关专业资料。

第十章

班组管理

第一节 基本概念

班组是企业依据其生产运营的特点，把生产运营的一线工人按生产运营的要求而组成的最直接的、最基层的生产运营组织。班组是企业组织体系中的基本细胞，是企业最基本的、最基层的、不可细分的生产运营组织。在企业组织体系中，班组的地位可视为是企业的"基石"，"基石不牢，企业动摇"体现了班组工作在企业生产发展中的重要作用。在企业管理和发展实践中，人们越来越重视班组的建设和管理。

在企业中，班组一般是按照工艺专业化和产品专业化两种形式组建的。工艺专业化的班组形式是把同类型的工艺设备和同种技能的员工集中在一起，对产品进行相同的工艺加工的生产组织方法，一般只能完成一道或几道工序。如电工班组、检漏班组等；产品专业化的班组形式是按照生产某种产品的需要，集中不同工种的技术工人，对同一加工对象进行不同的工艺加工的生产组织方法。如维修班组、调度运行班组等。

组建班组一般应包括确定班组的形式、确定班组的定员和选员、选择班组长等几个主要方面。确定一个企业班组形式，要从企业的实际出发，不能强求一致。班组的定员通常叫劳动定员，就是确定班组在人员安排方面的数量界限，在选配班组成员时，要依据班组的组织形式要求，依据企业的生产特点，产品的技术特点，班组设备的实际情况，选配技能结构、素质结构和年龄结构合理的班组成员。班组长是班组的组织者和负责人，要带领和组织班组成员共同完成班组承担的生产加工任务和其他工作任务，班组长的工作和影响是非常重要的。班组长要素质好、技能好、会管理。班组长一方面是生产加工的直接操作者，另一方面还是生产加工的最直接、最一线、最基层的组织者，班组长的带头和表率作用是至关重要的。

第二节 班组建设

班组建设是企业建设的基础，班组建设涉及的内容很多，可以说班组建设是企业建设的缩影，班组建设主要包括班组岗位制度建设、班组标准化建设、班组工作纪律建设、班组团队建设、班组员工培训等内容。

1. 班组岗位制度

班组岗位制度是指班组对生产技术、产品质量、经济活动、安全文明生产、生活学习等方面所制定的各种规则、章程和办法的总称。它是班组全体员工必须遵守的行动规范和准则，是实现班组管理科学化不可缺少的管理基础工作。

班组规章制度的重点是岗位责任制，即按照生产工艺、工作场所、设备状态和工作量的情况，合理地划分岗位，明确每个岗位任务、责任和要求，实现定岗、定员、定责的工作制度。岗位责任制是企业全体职工的活动准则，也是按大生产客观规律办事的一种科学管理制度。主要包括三个方面的内容：

（1）企业目标、任务的分解。按照责、权、利相结合的原则，把企业任务指标层层分解落实到各部门、各基层生产单位以至每个员工。同时还要把保证指标完成的各项专业管理（如计划、生产、技术、质量、设备、劳动、财务等）在基层单位必须进行的工作，按岗位制订出明确的要求。

（2）企业实行标准化作业。所谓标准化作业，就是把在企业中所从事的日常的、重复性的、有规律的活动，由员工严格按规定的操作顺序和标准，在规定的时间内进行。

（3）严格考核、奖惩分明。对各单位、各部门直至每一个员工的承担指标和标准化作业的执行情况，实行严格检查考核，并同分配（工资和奖金）挂钩，做到奖惩严明。

以上三方面内容紧密结合，由于企业情况不同，岗位责任制也有不同的具体做法。

2. 班组标准化工作

班组标准化工作是以制定和贯彻各项标准为主要内容的，使班组工作形成制度化、程序化、科学化的活动过程。其主要围绕日常管理工作进行，如：日工作标准化、周工作标准化、月工作标准化、原始记录台账标准化、场地标准化、工序操作标准化等。企业标准主要通过班组进行贯彻，因此班组工作标准化是企业标准化工作的重要组成部分。

（1）日工作标准化

班组成员每日的生产工作、学习要有一定的程序，形成制度。班组长每日的工作程序可分为班前工作、班中工作和班后工作。班前工作指查看交班簿和工作报表，检查各项数据的实时报警内容、水量分析以及信息的上传下达情况；班中工作指检查班组的工作进度和劳动纪律，抽查运行数据，处理班中出现的应急突发事件以及难点的沟通交流；班后工作指检查班组的作业归档情况。

班组员工每日工作程序可分为班前程序、班中程序和班后程序。班前程序指与前一班组交接好工作内容；班中程序指看好监控，做好报表，监督好施工作业，处理好应急突发事件；班后程序指做好与下一个班组的交接。

（2）周工作标准化

每周召开一次班组会议，总结上周工作，落实本周工作计划，研究班组工作，提出完成各项工作的方针和措施。

安排一次业务学习，按上级安排的内容开展活动。

进行一次数据全分析和错误清扫工作等。

（3）月工作标准化

每月召开三次班组会议，月初布置工作，月中检查工作，月末总结工作。

召开一次民主生活会，开展批评和自我批评，增加组织团结，加强班组民主建设。

同时开展班组质量活动、安全活动、岗位练兵活动。

（4）原始记录和台账标准化

班组原始记录和汇总记录台账应按照齐全、准确、及时、适用、系统、简便的要求，把原始记录的内容、形式、方法、传递程序、时间、要求、岗位职责形成标准，便于统计和检查。

把班组名称、成员状况、班委或骨干分工、生产作业指标运行图表、班组和个人月度指标完成情况图表、班组岗位经济职责、班组活动记录、交接班记录表放在规定的文件夹中，按照统一的样式进行设计。

（5）场地标准化

班组生产及生活场地的设备设施和用具等做到定置定位管理，宜统一型号规格；生产场所应保持清洁、整齐、有序，无与生产无关的杂物；材料、工装、夹具等均定置整齐存放。设备设施着色标准要求统一，巡视及参观路线宜统一固定线路。

（6）工序操作标准化

工序是产品形成的基本环节，工序质量是保障产品质量的基础。工序标准化操作对工序质量的保证起着关键作用，工序标准化在工序质量改进中具有突出地位。

工序流程布局要求科学合理，有效确立关键工序、特殊工序和一般工序的工序质量控制点。建立正规有效的生产管理办法、质量控制办法和工艺操作文件。主要工序都要有工艺规程或作业指导书，对人员、工装、设备、操作方法、生产环境、过程参数等提出具体的技术要求。特殊工序的工艺规程除明确工艺参数外，还应对工艺参数的控制方法、试样的制取、工作介质、设备和环境条件等作出具体的规定。

3. 班组工作纪律

班组的工作纪律，包括组织纪律、操作纪律和工作时间纪律三个方面。

（1）组织纪律

班组的组织纪律，要求对每个班组成员，包括班组长在内，必须坚决服从命令、听指挥，做到个人服从组织，下级服从上级，上级分配给班组和班组长分配给班员的工作任务，不得讨价还价，挑肥拣瘦，要根据生产作业计划安排和调度指令，在生产劳动中，充分发挥主观能动性，争取从数量上、质量上完成或超额完成任务。

（2）操作纪律

它是根据生产规律的要求，对班组在生产、技术、工艺等方面提出的必须遵守企业生产管理方面的各项规章制度，其中包括岗位职责制、技术操作规程、技术安全规程等，并以此来保证产品质量的不断提高，保证安全生产，保障员工的安全与健康，同时使员工不断提高技术水平和劳动生产率。

（3）时间纪律

它是指班组成员在工作时间内的纪律要求。具体表现为要求每个班组成员，必须严格遵守作息制度，出满勤、干满点、不迟到、不早退、不旷工，上班时间不串岗、不脱岗、不妨碍他人工作，不干与生产无关的事情，充分又合理地利用工时，将全部工作时间用于生产，力求减少单位产品中的工时消耗。

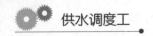

4. 班组团队建设

在团队建设过程中，团队成员首先必须明确对所要完成的作务负有共同的义务和责任。这种共同的责任和义务不仅仅是简单的口头承诺或书面约定，而且要使团队的每一个成员深切并清楚地意识到，必须要以团队的方式工作，以共同的价值观进一步发挥和利用各自不同的技术、技能来完成共同的目标。

其次，团队的目标不是自然而然实现的，需要团队成员的共同努力，积极创造条件才能完成。"团队建设"在团队中起到重要作用。它可定义为一系列有计划的设计和行动，通过收集和分析群体共同得到的各种数据和信息，创造团队精神，修改设计，改进团队工作，增加团队的特性和功能，实现团队的目标。

团队建设的一般步骤如下：

1) 团队内部或外部的成员发现团队存在的问题和可能的发展。

2) 团队成员一起收集与问题有关的数据。

3) 团队成员一起分析数据和改进计划。

4) 团队成员一起完成具体行动的计划。

5) 团队成员一起监督实施过程，估算结果，进一步采取必要的行动。

6) 团队成员一起工作，常重复这一过程，使团队不断前进。

可以把整个团队建设过程看作不断协调的过程，特别强调通过"团队成员在一起工作"来完成各项团队建设任务。通过这一过程，达到人人参与的目的，同时也就担负起对整个团队的责任，执行共同作出的决定。

5. 班组员工培训

员工培训是企业管理的一项重要内容。班组是企业的最基层的组织，抓好班组的员工培训是搞好企业员工培训的基础。班组员工在岗培训，是根据班组的实际需要，紧密结合生产和管理开展的现场培训。做好这种培训，对加强班组建设不仅具有现实意义，并能产生长期效果。

开展员工在岗培训的主要方法有岗位练兵和以师带徒等。

岗位练兵是根据班组"应知""应会"和"工作实例"等内容，结合调度的实际需要，来不断提高调度值班员理论水平和实际应用操作技能的一种培训形式。开展岗位练兵时应做到：

1) 制定好切实可行的计划，根据公司要求的调度要求，分解成具体的练兵项目，并制定出各项评分标准。

2) 练兵前，应请调度技术全面的老员工进行示范表演，指出各项调度操作的正确和错误以及合格与不合格的标准。

3) 组织好调度技术评比考核工作，建立调度岗位练兵台账，严格按照标准记录，然后组织小组评议，并将评议结果记入调度值班员个人技术训练档案。

班组通过岗位练兵，可以从调度值班员中挑选出优秀者，积极参加部门、公司组织的各种大型岗位练兵活动和技术比赛，以检验班组成员的技术素质。

以师带徒是由岗位老员工对新员工进行传帮带，在现场培训新员工的一种方法。采取以师带徒的培训方法，应抓好几个环节：

1) 签订师徒合同。新员工分配到指定的班组，按照学徒期的长短和岗位技术要求，指派师傅传帮带，订立师徒包教包学合同，合同期满，要进行严格的考核。

2）选派优秀讲师。选调经验丰富的老员工担任教师，要求勤讲解、勤示范、勤检查，班组每月评议一次教学效果，合同期满由班组长进行鉴定验收。

3）严格考核管理。对员工的技术考核一般可分为平时、学年、满期三种。学徒期满，要根据培训目标全面进行考核，考核合格才能转正，考核不合格的要补考，补考仍不合格的要调离工作岗位，甚至辞退。同时实行"三包一奖"制，为提高师傅带好徒弟的积极性，要求师傅在培训徒弟时，要包含岗位技术理论教育、岗位操作技能训练和岗位安全生产教育三个方面，对完成培训计划好的师傅，给予精神奖励和必要的物质奖励，在班组形成一种尊师爱徒的新风尚。

第三节　班组生产管理

生产是通过劳动把资源转化为能满足人们一定需求的产品和服务的过程。需要指出的是，生产过程的输出，不仅指有形的实物产品，还包括无形的产品，如服务等。

1. 生产管理有关概念

企业生产过程是在企业活动过程中，把资源转化为产品和服务的过程，这一过程也是价值增值的过程，包括基本生产、辅助生产、生产技术准备和生产服务等企业范围内各种生产活动协调配合的运行过程。

1）基本生产过程　是指与企业的基本产品实体构成直接相关的生产过程，所生产的产品以市场销售为目的。如制水、输配水等全过程环节。

2）辅助生产过程　是指为保证基本生产过程的实现，不直接构成基本产品实体的生产过程。例如为满足供水需要而进行的动力生产与供应、设备设施维护等。

3）生产技术准备过程　是指投产前所做的各项生产技术准备工作。如工艺设计、工艺准备等。

4）生产服务过程　是指为基本生产与辅助生产过程顺利进行而从事的服务性活动。如原材料、生产药剂、工器具等的供应、库存管理等。

企业生产管理是对生产系统的设计、运行与维护过程的管理。生产系统的运行涉及生产计划、组织与控制三个方面。计划解决生产什么、生产多少和何时生产，包括预测市场需求，确定提供产品或服务的种类与数量，编制生产作业计划等。解决如何合理组织本企业的劳动者、劳动资料、劳动对象和信息等生产要素，使有限资源得到充分而合理的利用。控制解决如何保证系统按计划运行，包括生产进度控制、质量控制、物资消耗、库存控制以及成本控制等。

2. 班组生产管理

班组生产管理涵盖班组安全生产管理、质量管理、成本管理、设备与工具管理等内容。

（1）安全生产管理

安全生产有广义和狭义两种定义，广义是指保护劳动者在生产经营活动中的人身安全、健康和财产安全。狭义是指对劳动者在劳动生产过程中可能引起伤亡和职业危害的保护。它不包括职工其他劳动权利和劳动报酬等方面的保护，也不包括一般的卫生保健和伤病医疗工作。

安全生产工作的方针是"安全第一，预防为主"。在实施过程中必须克服几种错误思想：

1）重生产、轻安全的思想。

2）安全与生产对立的思想。

3）冒险蛮干思想。

4）消极悲观思想。

5）麻痹思想和侥幸心理。

实施安全生产方针，要坚持安全生产两项基本基本原则。

1）"管生产必须管安全"原则。安全寓于生产之中，生产组织者和科技工作者在生产技术实施过程中应当主动承担安全生产责任，要把"管生产必须管安全"的原则落实到每个员工的岗位责任制中，从组织上、制度上固定下来，以保证这一原则的实施。

2）"五同时"的原则。即生产组织者必须在计划、布置、检查、总结、评比生产工作的同时进行计划、布置、检查、总结、评比安全工作的原则。它要求把安全工作落实到每一个生产组织管理环节中去。这是解决生产管理中安全与生产统一的一项重要原则。

（2）质量管理

质量是企业的生命线，质量管理与控制影响到整个企业，不但影响企业的盈利能力，同时还影响企业的信誉。

企业应制订质量目标，做到定量化和书面化，这样有助于员工积极参与绩效管理和激励员工提高生产绩效。

为确保产品质量，企业应建立全面质量管理，即以质量为中心，建立全员参与基础上的管理，用全面的方法管理全面的质量。全面质量管理的基本内涵包括五方面：

1）全面的质量概念。质量不光是产品的技术性能，还包括服务质量和成本质量。

2）全过程质量管理。其范围是产品质量产生、形成和实现的全过程质量管理。

3）全员参与的质量管理。调动企业所有人员的积极性和创造性，使每一个人都参与。

4）全企业质量管理。企业各管理层次都有明确的质量管理活动内容，产品质量职能分散在企业各有关部门，形成一个有机体系。

5）运用一切现代管理技术和管理方法。美国著名质量管理专家戴明曾提出：在生产过程中，造成质量问题的原因只有 $10\%\sim15\%$ 来自工人，而 $85\%\sim90\%$ 是企业内部在管理上有问题。由此可见，质量不仅仅取决于加工这一环节，而是涉及企业的各个部门、各类人员。

（3）成本管理

产品成本是企业为生产和销售一定的产品所发生的各项费用的总和，是反映企业生产经营活动的一个综合性指标。产品成本的高低，关系到企业能否为社会提供更多物美价廉的产品，能否提高产品的市场竞争能力，以及能否取得更大的经济效益的问题。

每个班组成员在实际生产工作中，都要切实遵照成本管理的要求，做好本职工作，防止跑、冒、滴、漏等现象的发生，使成本降到最低，落实班组成本管理的目标。

成本核算是企业进行生产和经营管理的一项基本原则，也是企业实行科学管理和民主管理的一个有效方法，是全面降低企业成本的重要手段。班组成本核算是按照全面经济核算的要求，以班组为基础，用算账的方法，对班组经济活动的各个环节的成本费用进行预测、记录、计算、比较、分析和控制，并作出经济评价的组织管理工作，是企业成本核算的基础。

班组成本核算的意义和作用体现在以下几个方面：

1) 指导经济活动。开展班组成本核算，及时地反映班组的成本信息，不但能使班组长和班组内的员工及时掌握本班组的成本控制情况，而且可以通过厂内报表的形式逐级上报，为管理和决策部门及时解决问题提供可靠的依据。

2) 落实成本责任制。班组成本核算是企业整体的成本指标层层分解落实最基础的环节。通过开展班组成本核算，制订和落实班组的成本责任制，把企业的各项成本目标进一步分解、落实到班组和个人，就可以进一步明确班组与企业、班组与个人的经济责任，增强班组职工自觉当家理财的责任感，充分调动职工节约成本的积极性，从而使整个企业的成本降到较低的水平。

3) 提高经济效益。开展班组成本核算，能够促使员工更加关心企业的成本消耗情况，更加了解自己和班组在当天和当月的消耗情况，从而发现问题，及时研究改进措施，力求以较少的消耗生产出更多、更好的产品。

4) 兼顾国家、企业和职工三者利益。通过开展成本核算，分清每个员工的成本管理责任，明确每个员工对成本控制贡献的大小，才能据此确定每个员工的奖金和收益情况。成本核算搞得好的班组，都能有效地促进员工从自己的经济利益上关心班组的成本消耗情况，努力节约开支，并在企业发展过程中，以全局利益为重，做到国家、企业和个人三者利益兼顾。

开展班组成本核算必须具备一定的条件和基础，主要有以下几个方面：

1) 企业的成本核算体系已经建立。班组员工特别是班组长的成本核算意识比较强，并有一位责任心较强的、业务比较熟练的员工担任兼职核算员。

2) 制订成本定额。企业的定额是分门别类的，各个班组设计的定额又千差万别，要把企业的各种定额运用到班组中去，必须结合各个班组的具体实际，核算到每个工序。有关成本的定额主要是：原材料消耗定额，燃料、动力消耗定额，零星材料消耗定额等。有些定额是企业已经有的，班组可以直接采用；有些定额未具体到工序，班组可根据实际资料加以计算，以便班组内部进行成本核算。

3) 建立工序计量手段。工序计量是指用一定的工具，对各工序的各种物资按照各自的特点进行测量。班组工序之间需要计量的东西很多，如原材料、油、电、药剂等消耗的计量。一般的计量工具有仪器、仪表、量具等。

4) 建立、健全有关物质消耗的原始记录、报表。通过原始记录、报表来反映班组的生产活动情况，为班组成本核算、分析、评比、考核和奖惩提供资料依据。

(4) 设备与工具管理

班组设备与工具是企业生产经营活动的物质基础，加强企业设备和工具管理，正确使用设备，精心维护保养，使设备在生产中始终保持完好状态，合理使用工具，对于保证企业生产活动的正常进行和提高经济效益有着重要的意义。

班组设备管理就是生产现场的设备管理。其主要任务是针对生产现场的运行特点，有效地加强设备管理，保持设备良好的技术状态，保证生产的正常的秩序，促进生产优质、

低耗、高效、安全地进行。

在生产现场中加强设备管理，提高设备管理水平，有利于建立正常的生产秩序，实现均衡生产。只有正确地操作使用设备，精心地维护保养，严格地监测设备运行状态，按计划进行设备检修，使设备经常处于良好的技术状态，才能保证生产的连续性，保证生产的正常秩序。

加强现场设备管理，有利于取得良好的经济效益。在现代化生产中，产品的数量和质量、生产所消耗的能源和资源、产品成本在很大程度上受设备技术状况的影响。尤其随着设备向大型化、精密化、机电一体化、自动化方向发展，设备投资越来越昂贵，与设备有关的费用，如能源费、维修费等在产品成本中的比重也不断提高。由于设备故障与事故给企业生产经营带来的损失也越来越严重。因此，加强现场设备管理，是取得良好经济的重要保证。

1）设备的使用与维修

正确使用设备，可以在节省费用的条件下，保持设备处于良好的技术状态，充分发挥设备的效益，延长设备的使用寿命。所以设备管理的首要任务是保证设备的正确使用。设备的合理使用，包括两个方面的含义：一是应坚决防止对设备的蛮干、滥用；二是要防止设备舍不得用或闲置不用。

合理利用设备的措施有以下四个方面：

A. 设备要配套使用，任务要合理安排。在配备设备时，应根据生产特点、工艺过程、技术要求等，经济合理地配备各种设备，做到设备间比例协调，适应生产需要。同时又必须根据设备的性能、结构和技术经济特点，恰当地安排任务，做到任务与设备性能相适应，工作负荷与设备能力、技术条件相适应。

B. 合理地配备操作员工。操作员工应熟悉自己所使用设备的性能、结构和技术要求；新员工应经过培训并考试合格，才能允许单独上机操作。对于大型、精密、关键设备，应指定专人操作，实行定机定人，并严格执行凭证操作。

C. 建立健全设备使用责任制。企业内，从领导、设备和生产管理部门到操作员工，都要对设备的合理使用负有相应的责任。使用设备应有严格的操作规程和维护保养制度，保证设备的合理使用。

D. 创建良好的工作环境和条件。这是保证设备正常运转、延长设备使用寿命，确保安全生产的重要条件。主要应注意以下几个方面：保持设备有一个整洁、宽敞、明亮的工作环境和适宜的工作场地；安装必要的防护、安全、防潮和防腐装置，有些设备还应配备降温、保暖和通风等设施；配置必要的测量、控制和保险用的仪器仪表装置；对高、精、尖设备，需配备特殊工作场地，保持一定的温度、湿度，做好防尘、防潮和防震等工作；开展设备竞赛活动，将设备分成四类：五好设备、完好设备、带病运转设备和停机维修设备。对于带病运转设备，应查明原因，提出改进措施，提高设备完好程度。

设备润滑是设备使用维护工作中的重要组成部分。认真搞好润滑工作，是保证设备正常运转、防止事故发生、减少机件磨损、延长使用寿命、减小摩擦阻力、降低动力消耗、提高设备生产率和工作精度的有力措施。

2）设备的维护保养

设备维护保养是指对设备在运行过程中由于技术状态变化而引起的大量常见问题的及

时处理。设备维护保养的主要内容有清洁、润滑、紧固、调整以及防腐等。

根据机器设备维护保养工作的深度、广度及其工作量大小，维护保养工作可分为以下几个类别：

A. 日常保养（或称例行保养）。重点是擦拭、清洁、润滑设备和紧固松动部位，检查零部件的工作状况。这类保养较为简单，大部分工作在设备的表面进行。

B. 一级保养。主要包括消除螺钉松动，经常进行润滑以及部分调整等工作。

C. 二级保养。主要对设备进行部分解体检查、清洁、修理、调整、更换少数零件，使设备精度达到工艺要求。

D. 三级保养。除对设备的主体部分进行解体检查和调整外，还要更换已经磨损的零件，并对主要零件的磨损情况进行测量、鉴定，为编制设备检修计划提供依据。

除日常保养、一级保养是由操作员工自行负责外，其他两级保养是在操作员工的参加下，一般由维修员工负责进行。

3）设备的检查

设备的检查是对设备的运行情况、工作精度、磨损程度进行检查和校验。检查是设备维修和管理中的一个重要环节。通过检查，及时地查明和消除设备的隐患，针对发现的问题，提出改进设备维护工作的措施，有目的地做好修理前的各项准备工作，以提高修理质量，缩短修理周期。

A. 设备的检查分类

a）按时间间隔，可以分为日常检查和定期检查。

日常检查是在交接班时，由操作员工结合日常保养进行检查，以便及时发现异常的技术状况，进行必要的维护和检修工作。

定期按照计划日程表，在操作员工的参加下，由专职维修人员定期进行检查，以便全面准确地掌握设备的技术状况，零部件磨损、老化的实际情况，确定是否进行修理的必要。

b）按照检查的性能，可分为功能检查和精度检查。

功能检查是对设备的各种功能进行检查与测定，以便确定设备的功能指标是否符合要求，是否需要调整。

精度检查是对设备的加工精度进行检查与测定，以便确定机器精度劣化情况。

c）按照检查的方法，可分为直观检查和工具仪表检查。

直观检查是用人们的感觉器官进行检查。

工具仪表检查是利用一定的检测工具或仪器仪表进行检测。

B. 设备的监测

设备监测技术又称为诊断技术，是设备维修和管理得到迅速发展的新兴工程技术。它通过科学的方法进行监测，能够全面、准确地把握住设备的磨损、老化、劣化、腐蚀的部位和程度以及其他情况。在此基础上进行早期预报和追踪，可以把设备的定期维护保养变为有针对性的、比较经济的预防维修。设备的诊断可以分为三种：

单件诊断：对整个设备有重要影响的单个零件进行技术状态的监测。通过监测可以查明零件一瞬间的技术状态，弄清故障原因，估计零件的剩余寿命。这种方法主要用于设备的小修理。

分部诊断：对整个设备的主要部件进行技术状态的监测。通过诊断，研究决定主要部件的主要技术状态特征。分部诊断要求较长时间的测试，主要用于设备的中修理。

综合诊断：对整个设备的技术状态作全面的监测、研究，包括单件、分部诊断的内容，这种方法主要用于设备的大修理。

4）工具管理

工具是重要的劳动手段，是构成企业生产的物质技术基础之一。班组人员是工具的直接使用者，管好、用好各类工具，对保证生产的正常进行和产品质量有着重要的作用。

工具可以多次使用，在使用过程中逐步磨损，其价值是一次或多次转移到产品中去的。大多数工具价格较低，属于低值易耗品，而设备属于固定资产，其价值是通过折旧的方法逐渐转移到产品中去的。

班组工具管理的基本任务是妥善保管，正确使用，精心保养，节约使用。并按规定办理工具使用、遗失、节约等原始记录手续，使工具经常保持完好的使用状态。

附录

主要设备操作规程

1. 卧式离心泵

（1）运行前的准备工作

值班人员在收到机组启动命令后，应立即进行下列开泵前的准备工作。

1）电气启动系统的检查见表1。

电气启动系统的检查　　　　　　　　　　　　　表1

序号	检 查 内 容
1	对于高压电动机(10/6kV)，应检查电源电压、高压开关柜、高压液阻软起动器、就地电容补偿柜、机旁避雷器柜等，并填写操作票、准备安全用具
2	对于低压电动机(380V)，应检查电源电压、低压配电柜引出回路、降压起动装置、就地电容补偿装置等，尤其要检查接触器动作是否灵活、主触头有否熔焊咬牢
3	对于变频调速机组，应增加检查变频调速装置及通风系统

2）电动机的检查见表2。

电动机的检查　　　　　　　　　　　　　　　　表2

序号	检 查 内 容
1	电动机停役时间较长，在投入运行前应做绝缘试验。但对于有电加热的高压电动机，且停役期间电加热一直开着，投入运行前可以不做绝缘试验
2	检查电动机轴承油位及冷却系统是否正常
3	检查电动机测温巡检装置是否正常

3）水泵及其附属设备的检查见表3。

水泵及其附属设备的检查　　　　　　　　　　　表3

序号	检 查 内 容
1	检查清水池或吸水井的水位是否适合开泵
2	检查水泵进水侧阀门是否开启，出水阀门是否关闭

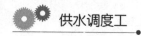

续表

序号	检 查 内 容
3	检查水泵轴承油位是否正常
4	按出水旋转方向盘车,检查泵内是否有异物及阻滞现象
5	检查各种仪表(压力表、电流表、电压表、水位仪和流量仪等)是否正常

（2）机组启动

在完成准备工作后，方可启动机组。启动机组一般以中控操作，就地旁站为好，发现异常情况时能得到及时处理。

1）机组的启动见表 4。

机组启动

表 4

序号	启 动 步 骤
1	机组灌水或抽真空
2	接通电动机的电源(对于高压电动机,持操作票按操作规程进行操作;对于低压电动机,按下启动键时,注意电流表的变化,尤其是降压启动采用手动切换时,更应注意电流表指针的回落情况)
3	观察电动机及水泵的声音,泵口压力是否正常
4	开启出水阀门(观察电流表指针是否随着阀门开启度的增大而增大)
5	出水阀开足后,应作下面检查：A. 仔细检查水泵、电动机的声音、振动是否正常；B. 检查轴承是否正常；C. 检查填料室滴水是否正常；D. 检查电流、电压、出厂压力、出水量
6	填写值班记录和运行报表

2）开泵过程中异常情况处理

在开泵过程中，值班人员应时刻注意现场设备的运况，在遇到表 5 情况之一时，应立即停泵或中止启动顺序，对有关设备进行检查。

开泵异常情况

表 5

序号	异 常 情 况
1	机组启动后,泵口压力表无指示或数值过低,说明泵未出水(空车),里面有空气需重新排气后再启动
2	电动机启动过程中保护装置动作,断路器跳闸。应在检查电动机及其主回路无故障、保护装置整定值正确的基础上,方能再次启动机组
3	出水阀门开足后,电流表指针仍停留在空车位置上或电流增加不多,应检查出水阀门
4	电动机电流及声音不正常、电机扫膛
5	电动机或水泵振动过大
6	轴承损坏

（3）机组运行

为保证水泵机组安全运转，应做好表 6 所述的各项工作。

机组运行中检查

表 6

序号	检 查 内 容
1	电动机运行电流不超过额定值,三相不平衡电流不超过 10%
2	电动机的运行电压应在其额定电压的 $-10\% \sim +10\%$ 的范围内

序号	检 查 内 容
3	电动机运行时各部分的温度、温升不超过允许值,具体参见电动机的运行
4	机组的振动、声音应正常:A. 电动机振动、声音的检查参见电动机运行。B. 水泵的振动可用振动仪测量,振动烈度应达到 C 级(一般可控制在 2.8mm/s 以下),水泵的声音检测可用听针或电子监听器来判断内部是否有异物
5	水泵填料室滴水符合要求:检查填料室是否有水滴出,滴水过小或没有滴水,易造成水封进气、轴套过热甚至造成抱轴故障;滴水过大又造成水的浪费,滴水宜为每分钟 30~60 滴
6	关注清水池和吸水井的水位:根据工艺要求,清水池和吸水井都有一个最低水位限制,运行人员必须随时注意水位变化,水位过低时,易发生出浑水、水泵汽蚀、水泵进空气。水位接近最高水位时,要警惕停泵、调泵、故障跳车等引起清水池满溢
7	定时抄录真空表、压力表、电度表、流量仪读数,以计算配水电耗和评估机组的实际运行效率

（4）机组停止运行

当接到停泵命令后，应立即进行相关的停泵准备：观察清水池水位，防止高水位停泵时可能造成清水池满溢。当水泵用高压电动机驱动时，应事先填写好操作票及做好其他相关事宜。

1）停泵操作见表 7。

停泵操作步骤　　　　　　　　　　　　　　　　　　　表 7

序号	操 作 步 骤
1	关闭出水阀门
2	切断电动机的电源
3	填写报表:停机时间、水量读数、电量读数等

2）停泵时异常情况处理

停泵时最常见的异常情况是：操作主令电器无反应，电动机电源无法切断。可按表 8 所述进行处理。

停泵异常情况处理　　　　　　　　　　　　　　　　　　表 8

序号	异常情况及处理
1	对于高压电动机,一般采用高压断路器柜(或断路器柜＋软起柜)对电动机进行供电。操作主令电器无反应时,可直接手动机构跳闸以切断电动机的电源
2	对于低压电动机,一般通过接触器接通电动机的电源。当出现操作主令电器无反应时,可首先检查控制回路的熔断器有否熔断,若熔丝完好,一般故障为接触器主触头熔焊或控制回路故障,可拉开断路器(又称空气开关,位于接触器的电源侧),达到切断电动机电源的目的
3	有些水泵采用"泵-阀联锁",无法停泵时,应检查联锁环节
4	采用应急办法停泵后,事后应找出原因,并消除缺陷

（5）故障及排除

卧式离心泵机组因使用不当、维修不足等原因，有时会发生一些故障，现将一些主要故障原因及排除方法列表于下。

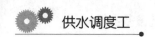

1）启动前充水困难

水泵启动前充水困难的排除方法见表 9。

水泵充水困难的原因及排除方法　　　　　表 9

故 障 原 因	排 除 方 法
吸水底阀损坏	检修底阀
水泵顶部排气阀门未打开	打开排气阀
真空泵抽气不足	检查真空泵、真空管路及阀门、真空泵补给循环水
吸水管路或泵壳、填料密封不良	检查吸水管路及阀门、泵壳、填料与水封冷却水等，有密封不良处，应予排除

2）水泵无法启动

A. 按下按钮（或旋动控制开关）后，电动机不转动。这类故障原因大都发生在电动机的控制回路，按高、低压电动机的不同启动方式，分别列出排除方法，参见表 10。

水泵无法启动的原因及排除方法（一）　　　　　表 10

现　象	故 障 原 因	排 除 方 法
接触器不吸、电机不转（380V 电动机）	控制回路熔断器熔断	调换同规格熔断器
	停止按钮损坏	修理或调换按钮
	热继电器故障	检查热继电器触点接触情况及接线有否脱落
	接触器线圈故障	调换线圈
	电源断相	检查电源，消除断相
操作机构不动，断路器未合闸，电动机不转动（10/6kV 电动机）	控制小熔丝熔断	调换同规格熔断器
	合闸回路熔断器熔断	调换同规格熔断器
	合闸回路断路	检查合闸回路（包含联锁环节），消除断路
	合闸线圈损坏	调换合闸线圈
	手车在试验位置	手车推至接通位置

B. 按下按钮（或旋动控制开关）后，电机转动（或点动）后即跳车。这种故障原因分为机械和电气两个方面，参见表 11。

水泵无法启动的原因及排除方法（二）　　　　　表 11

故 障 原 因	排 除 方 法
机械方面	
填料压得太紧	调整填料松紧度
轴承损坏	调换轴承
出水阀未关	关闭出水阀
泵轴与电动机轴不同心	调整同心度
叶轮被杂物卡住，使泵转动困难	打开泵盖，清除杂物
联轴器间隙过小，两轴相顶，引起泵轴功率增大	重新调整联轴器间隙

续表

故障原因	排除方法
电气方面	
热保护被任意旋动过,整定值调得过小,达不到起动电流	按规范调整热继电器整定值
降压起动箱内的起动和运转接触器调整不良,转换过程中主触头瞬间同时接通而造成短路跳闸	仔细调整起动、运转接触器的反作用弹簧
起动时间调得过小,起动电流未及时降下来便转入全压运转,造成机组跳车	调节起动时间
电机或线路故障造成跳车	检修电机或线路
合闸机构故障(合闸后不能锁定)	调整合闸机构
继电保护动作	首先检查电机、电缆等一次回路设备是否有故障。若一次回路设备无故障,则应检查继电保护定值是否过小,达不到起动电流
跳闸回路故障	检查跳闸回路,消除误跳闸

3)水泵启动后不出水或出水量过少

水泵启动后不出水或出水少,故障原因与排除方法参见表12。

水泵启动后不出水的原因及排除方法 　　　　表12

故障原因	排除方法
水泵未灌满水,泵内有空气	停泵,重新抽真空
底阀锈住,吸水口、吸水管路、叶轮槽道堵塞	检修底阀,检查吸水管路、叶轮槽道,发现堵塞处予以排除
吸水管路上的阀门阀板脱落	检修进水阀门
出水阀门阀板脱落	检修出水阀门
叶轮反装	重装叶轮
吸水管路或填料室漏气严重	检查吸水管路及填料室漏气处,并予修复
叶轮严重损坏,密封环磨损严重	更换叶轮、密封环
泵出水管位置高,出水管内窝气	在出水管最高处装一排气阀,使出水管内充满水,随时将气排出
水泵发生汽蚀	提高清水池水位或降低水泵安装高度
管网压力高,泵扬程不足	调换扬程高一些的水泵

4)水泵振动、噪声大(表13)

水泵振动、噪声大的原因及排除方法 　　　　表13

故障原因	排除方法
水泵进入空气或出现汽蚀现象	找出进入空气的原因,并采取相应措施消除;提高清水池水位,减小吸上真空高度
泵内进入杂物	打开泵盖,清除杂物
水泵叶轮或电动机转子旋转不平衡	水泵解体检查,在排除其他原因基础上,进行静平衡和动平衡试验

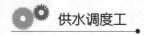

续表

故 障 原 因	排 除 方 法
水泵或电机地脚固定螺栓松动	重新调整,紧固松动的螺栓
电机、水泵不同心	重新调整水泵、电机的同心度
轴承损坏	调换新的轴承
泵轴弯曲	更换泵轴
流量过大或过小,远离泵的允许工况点	调整控制出水量或更新改造设备,使之满足实际工况的需要
水泵或电动机转动部分与静止部分有摩擦	解体检修水泵或电动机
电动机单相运转	停机检查电动机主回路,找出断相处
出水管路存有空气,在管道高处形成气囊引起管道振动,带动水泵振动	在出水管道高处安装排气阀

5)轴承过热（表14）

水泵轴承过热的原因及排除方法　　　　　　　　　　　表14

故 障 原 因	排 除 方 法
滑动轴承油环转动慢带油少或油位低、不上油	检查油位,观察油环转动速度,检查修整或更换油环
油箱冷却水供应不充分	检查冷却水管及节门,有堵塞物应清除
油箱内进水,破坏润滑油膜	检查油箱内冷却水管及油箱密封情况,解决泄漏,更换新油
润滑油牌号不符合原设计要求或油质不良、有水分、有杂质	按说明书中要求使用润滑油,定期检测油质情况,补充油量时,一定使用同牌号润滑油并做到定期更换新油
运行时机泵发生剧烈振动	检查振动原因予以清除
轴与滚动轴承内座圈发生松动产生摩擦(走内圈)	修补轴径或更换新泵轴与轴承
水泵轴与电机轴不同心或泵轴弯曲,使轴承受到很大的附加压力,增大了摩擦,引起发热	调整电机、水泵的同心度,校正或调换泵轴
滚动轴承缺油或加入的润滑脂太多	清洗轴承,重新加入适量的润滑脂
轴承安装得不正确,或间隙不适当	修理或调整轴承
叶轮上的平衡孔堵塞,轴向推力增大,轴承轴向负荷增大,摩擦引起发热增大	清除平衡孔的堵塞物

6)水泵启动后轴功率过大

水泵启动后轴功率过大可从电流表指示中得到反映,此时电流数值比平时明显增大,有时甚至超过电机额定电流,故障原因及排除方法见表15。

水泵轴功率过大的原因及排除方法　　　　　　　　　　　表15

故 障 原 因	排 除 方 法
填料压得太紧	调整填料压盖
泵轴弯曲	校正或调换泵轴
轴承损坏	调换轴承
叶轮被杂物卡住或叶轮与泵壳相擦	打开泵盖,清理或检修叶轮

续表

故 障 原 因	排 除 方 法
泵轴与电动机轴不同心	调整同心度
联轴器间隙过小	调整联轴器的间隙

7）填料室发热（表16）

水泵填料室发热的原因及排除方法　　　　　　表16

故 障 原 因	排 除 方 法
填料压盖压得太紧	调整填料压盖螺栓，使松紧适当
密封冷却管节门未开启或开启不足	开启冷却水管节门，控制填料室有水不断滴出，每分钟以30～60滴为好
换填料不当，使水封环移位，将串水孔堵死	停机重新调整水封环位置，使其进水孔对准冷却水注入孔
水泵未出水，无冷却水润滑	停机重新按要求启动
填料质量太差、牛油中有砂子、轴套磨损	更换填料或轴套
填料盒和轴不同心，使填料一侧周期性受挤压，导致填料发热	检修填料盒，改正不同心
填料规格太大或填料过多，使填料压盖进不到填料盒里面，造成压盖不正而磨轴，引起发热	选择合适规格或适当减少填料，使压盖能进到盒内

8）水泵在运行中突然掉水（空车）

水泵在运行中突然空车，出现的征象为：电流表读数和正常值相比下降幅度很大，泵声音异常，呼声较大，出厂管网压力下降。故障原因与排除方法见表17。

水泵突然掉水的原因及排除方法　　　　　　表17

故 障 原 因	排 除 方 法
泵内进空气	找出进入空气的原因，并采取相应的措施消除
清水池水位过低	采取措施提升清水池的水位
吸水管被杂物堵住	停泵清除吸水管内的杂物
泵内出现严重的汽蚀	提高清水池水位，减小吸上真空高度
吸水管路阀门阀板脱落	停泵检修吸水管阀门
出水阀门因误动关闭或阀板脱落	打开出水阀或停泵检修出水阀

9）水泵在运行中突然跳车

水泵运行中突然跳车，引起的原因有水泵、电机、电源和启动回路，具体参见表18。

水泵运行中突然跳车的原因及排除方法　　　　　　表18

故 障 原 因	排 除 方 法
水泵机械故障引起轴功率增大，使电机过负荷保护动作而跳闸	停机检修水泵
电机故障（绕组短路、扫膛等）	停机检修电机

故 障 原 因	排 除 方 法
电源缺相,引起电机单相运转而跳闸	检修电源部分
热保护误动作引起跳闸:定值偏小、一次接线柱接触不良热量传入、气温过高等	消除误动作的因素后,重新启动
打雷引起瞬间低电压,泵房个别接触器线圈释放而跳车	经检查后,重新启动
高压电动机由于 PT 柜高压熔断器熔断引起低电压跳闸	检查 PT 柜,放置同规格熔断器,重新启动
泵出水管路中液控蝶阀故障(泄漏)引起跳车	检修液控蝶阀

10) 水泵在运行中出现电流表指针左右摆动 (表 19)

水泵电流表指针左右摆动的原因及排除方法 表 19

故 障 原 因	排 除 方 法
水泵内吸入空气	找出进入空气的原因,并采取相应的措施消除
叶轮内有异物或进水管有堵塞现象	消除叶轮内的异物或清除进水管路的堵塞物
电源电压不稳定	找出原因并消除
笼型电机转子断条	检修电机
定子绕组一相断路	检修电机

(6) 水泵机组在运行中异常情况下的紧急处理

1) 水泵在运行中出现表 20 其中之一项者,应立即停机,启动备用设备。

水泵运行中的异常情况 表 20

序号	异常情况内容
1	水泵掉水(空车)
2	发生严重汽蚀,短时间内调节水位无效时
3	水泵突然发生强烈的振动和噪声
4	阀门或止回阀阀板脱落
5	水泵发生断轴故障
6	泵进口堵塞,出水量明显减少
7	轴承温度超标或轴承烧毁
8	管路、阀门、止回阀之一发生爆破,大量漏水
9	冷却水进入轴承油箱
10	叶轮被杂物卡住或叶轮与泵壳相擦

2) 电动机在运行中出现表 21 其中之一项者,应立即停机,启用备用设备。

电动机运行中的异常情况 表 21

序号	异常情况内容
1	电机发生强烈的振动、声音异常噪声大
2	电机出现冒烟、打火、绝缘烧焦气味

序号	异常情况内容
3	单相运行
4	轴承温度超标或轴承损坏、轴承箱进水
5	电机扫膛
6	同步电动机出现异步运行

2. 轴流泵

（1）运行前的准备工作（表22）

运行前准备工作　　　　　　　　　　　　　　　　　　　表22

序号	具 体 内 容
1	检查水池进水栅栏前没有杂物阻挡,如有应清除
2	水泵出水管路如装有阀门,应把阀门完全开启
3	检查水泵的淹没深度是否符合要求
4	高压电动机(10/6kV)应检查主回路及相关配套设备,并填写操作票、准备安全用具
5	低压电动机(380V),应检查电源电压、低压配电柜引出回路、降压起动装置、就地电容补偿装置等,尤其要检查接触器动作是否灵活、主触头有否熔焊咬牢
6	电动机停役时间较长,在投入运行前应做绝缘试验。但对于有电加热的高压电动机,且停役期间电加热一直开着,投入运行前可以不做绝缘试验
7	检查轴承处油位,油路畅通,油质、油量满足要求
8	盘动联轴器3~4转,并注意是否有阻滞、轻重不匀等现象,如有必须查明原因,设法消除
9	检查外部各连接螺栓是否紧固,仪器仪表是否正常

（2）机组启动（表23）

机组启动步骤　　　　　　　　　　　　　　　　　　　表23

序号	具 体 内 容
1	向上部填料函处的短管内引注清水,用以润滑橡胶轴承,直至泵正常出水为止
2	按下启动按钮,同时观察电流表的变化;采用降压启动时,应待电动机转速和电流值都接近额定值时,再切换到全压运行
3	启动后应观察机组的声音、振动、转速和电机的电流、电压;发现转速很低、振动大、声音不正常等,应立即切断电源检查原因,待查明原因排除故障后,才能重新启动
4	注意填料室滴水情况,填料不能压得太紧,以每分钟10~20滴为宜
5	电动机不能频繁启动,具体要求参见电动机的运行与维护
6	启动完成后填写值班记录和运行报表

（3）机组运行

机组在运行中应做好表24中所列工作。

序号	检查内容
	机组运行中检查 表24
1	注意进水水位的变化,如低于淹没深度,则应停机
2	注意进水栅栏两侧水位是否一致,如有高差,应及时清理垃圾和杂物
3	检查机组的声音、振动等是否正常
4	检查轴承温升及最高温度不得超过规定值
5	观察电动机电流、电压、温升、三相不平衡值等是否正常

（4）机组停止运行

机组停机操作按表25进行。

序号	操作步骤
	机组停机操作 表25
1	停机前应先确认操作对象无误
2	切断电动机的电源:眼睛应看着电流表读数,按下停止按钮,观察电流表是否到零
3	采用虹吸式的出水管路,在停机同时应开启真空破坏阀,防止水倒流
4	停泵后为防止误动,对于高压电动机,其一次回路应处于冷备用状态为好(拉开隔离开关或手车拉至试验位置),对于低压电动机,应拉开相关的断路器(空气开关)及闸刀
5	在冰冻季节,停泵后应考虑浸入水中的叶轮等附件是否会因结冰而受损
6	做好设备及周围附近的卫生清扫工作
7	做好停机后的记录工作

（5）故障及排除（表26）

轴流泵常见故障及其排除方法 表26

现象	故障原因	排除方法
泵不出水	泵轴转向不对	调整电机转向
	叶片断裂或固定失灵	更换叶片或检修叶片固定机构
	叶轮浸入深度不够	待水位上升后再开泵
流量不足	叶片安装角度太小	调整叶片安装角度
	叶片损坏	更换叶片
	扬程过高	低水位时停机
运转中有杂声或振动	叶片与进水喇叭口发生摩擦	检修水泵,检查泵轴是否垂直
	水泵或传动装置的地脚螺栓松动	基础加固,拧紧螺栓
	叶片上绕有杂物	清除杂物
	泵轴、传动轴或联轴器螺母未紧固	紧固螺母
	叶片损坏,平衡差	更换叶片
	轴承磨损或橡胶轴承脱落	更换轴承或橡胶轴承
水泵超负荷	出水管路阻塞或拍门未全部开启	清理出水管、检修拍门使其开启灵活
	叶片与喇叭口外圈摩擦	检查泵轴垂直度、调整间隙或更换橡胶轴承
	叶片和泵轴上绕有杂物	清除杂物

续表

现　象	故 障 原 因	排 除 方 法
水泵超负荷	集水池水位过低	停止运行
	叶片安装角度不正确	调整叶片安装角度
停机时倒转	出水拍门销子脱落	重新装上销子
	出水拍门耳环断落	更换出水拍门

3. 潜水泵

（1）新装或大修后首次运行

应做好表 27 中所列各项准备工作。

潜水泵首次运行前的准备　　　　表 27

序号	准备工作内容
1	检查电源电压是否符合要求
2	对低压配电柜、馈电线路、启动装置、电气仪表、遥控系统等进行检查,核对空气开关、热继电器、熔断器、时间继电器等保护电器的整定值是否合适,检查设备的接地是否可靠
3	测量电动机的绝缘电阻是否符合要求
4	检查供水管道、排水管道是否完好。各阀门应在正确位置:室内出水阀门处于关闭 3/4 状态;室外排水阀门处于开启状态、检修阀门处于关闭状态
5	测量静水位并做好记录

（2）启动与运行（表 28）

潜水泵的启动与运行　　　　表 28

序号	启动步骤及运行检查内容
1	检查电源电压,接通电动机的馈电回路(合上相关的空气开关和闸刀),检查出水阀门在关闭 3/4 位置
2	按下"启动"按钮,机组启动。电机采用降压启动时,应等电动机的电流、转速接近额定值时,方能将电机转入全压运行
3	机组启动后应观察电流、声音、振动等情况,然后逐渐打开室内的出水阀向排水井排水。开阀时注意电流的变化,控制运行电流在额定电流之内
4	用净水瓶取水,验看浊度是否合格。含砂量 1 升水中不超过 10 粒
5	如果出水水质做过化验,符合饮用水标准时,可将排水阀逐渐关闭,室外检修阀逐渐开启,向输水管供水。如未做过水质化验,应待化验合格后方能向输水管供水
6	若潜水泵是新装或大修后的第一次运行则要求运行 4 小时后停机,并迅速测试热态绝缘电阻,其值应大于 0.5MΩ 时方可继续投入运行
7	潜水泵停机后如需再启动,其间隔时间应为 5min 以上,防止电动机过热以及防止扬水管内水尚未完全流入井中时,二次启动时因轴扭矩增大而烧毁电机和损坏泵轴

（3）停止运行

应按表 29 所列步骤操作。

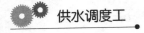

	潜水泵停运操作	表 29

序号	操作步骤
1	出水管路无止回阀时,停机前应先将出水阀门关闭后再停机
2	按下"停止"按钮,机组停止运行。同时,切断馈电回路(拉开空气开关和闸刀)
3	做好设备及周边环境卫生工作
4	做好停机记录

(4)故障与排除

1)无法启动

无法启动分为二种情况:一是按下"启动"按钮,接触器不吸,电机不转动,这种故障多发生在控制回路;另一种是按下按钮,接触器吸合,电机不转动但嗡嗡作响,或电机转动了但达不到正常转速。故障原因及排除方法参见表 30。

	潜水泵无法启动的原因与排除方法	表 30

故障原因	排除方法
控制回路故障。 熔断器熔断、热继电器损坏或常闭触点断开、接触器线圈故障或线头脱落、停止按钮损坏,二次回路有接触不良的地方	检查控制回路熔断器是否熔断,热继电器、接触器线圈、停止按钮是否损坏,检查二次回路是否有接触不良之处
启动时电动机端电压过低,电机无法达到正常转速	和电力部门联系提高供电电压,调节泵站内变压器分接头;如采用降压启动,则提升降压百分比
电源线路有一相断路	检查配电柜、启动箱、馈电线路等;检查熔断器、接触器主触头、电动机接线盒等处的接触情况
叶轮被杂物卡住或导轴承与轴抱死	应提泵解体检查、修复
电动机转子与定子间结垢后抱死	应解体检查去除水垢或更换电机
电动机定子线圈绝缘击穿、烧毁	修理或更换电机
水泵长期放置,叶轮和口环部位锈蚀	修理叶轮和口环

2)潜水泵出水突然中断(表 31)

	潜水泵出水突然中断的原因与排除方法	表 31

故障原因	排除方法
外部电力系统突然停电	有备用电源时则启用备用电源,无备用电源则等待系统来电
泵房内部配电系统故障停电	检查内部高、低压配电系统,检查保护动作、断路器跳闸、熔断器熔断等情况,查出故障,恢复供电
电机过载跳闸	检查电机是否单相运行引起过载跳闸,是否电压太低、出水量过大引起过载,是否井中大量出砂将叶轮、泵轴与轴承堵塞引起过载等,查出原因后,对症处理
水中硬度高,电动机发热使转子与定子结垢后抱死,热继电器或断路器动作引起跳闸停泵	提泵解体检修电动机
电机定子绕组短路,断路器跳闸,出水中断	检修或调换电动机
定子绕组一相断路	检修或调换电动机

续表

故 障 原 因	排 除 方 法
水泵选型不合理,额定扬程太高而使用扬程过低,动反力大,造成叶轮上窜增大摩擦力,使电动机过载而跳闸	应重新根据供水压力和动水位,核定最佳使用扬程,可采取减少水泵级数或换较低扬程泵。除此之外,还可以采用切削叶轮直径或适当堵死叶轮平衡孔的方法也可减小动反力
机泵安装或制造质量问题,内部零部件损坏	需提泵重新按有关标准解体检查并组装

3）运行中水量明显减少（表 32）

潜水泵运行中水量明显减少的原因与排除方法 表 32

故 障 原 因	排 除 方 法
电网频率低,泵转速下降	联系电力部门解决
井内动水位下降较大,原装泵扬程不足	提高潜水泵的扬程,或洗井增加涌水量
动水位下降至泵进水口,出现抽空现象	此时电流往复周期式摆动较大,出水中含有气泡,临时措施可关闸减少出水量使电流稳定。彻底解决应接长扬水管或洗井增加涌水量
输水管网压力增高,使泵工况发生变化	找出压力增高的原因,如只是临时出现的特殊情况,可不予处理,长期高应换较高扬程的水泵
井下泵扬水管法兰盘结合处漏水	用测水位表慢慢下到井内检查,与以前测的动水位比较,可发现中间漏水点,然后停机检修
由于水泵组装的质量问题,在运行中叶轮锥形套松动与泵轴脱离	将出水阀关闭测全扬程,与新装泵时的全扬程或样本特性曲线比较,扬程相差较大,水量减少较多,电流有显著下降时,可判断水泵中有叶轮未做功,应解体检修
因为水质或使用不当,使叶轮、密封口环发生严重腐蚀、磨损	需从出水量、扬程、水位等与原来数据进行比较,经判明,应提泵检修,修理或更换部件
吸入口滤网堵塞	清理滤网
电动机转子断条	修理电动机
泵轴断裂	更换泵轴

4）机组振动（表 33）

潜水泵机组振动的原因与排除方法 表 33

故 障 原 因	排 除 方 法
泵轴或电机轴弯曲	修理或更换泵轴或电机轴
上导轴承或下导轴承损坏	更换导轴承
止推轴承磨损或损坏	更换止推轴承
推力盘紧固螺母损坏	修好轴头,更换螺母
推力盘破裂	更换推力盘
电机定子与转子扫膛	更换导轴承或车小转子外圆,适当加大气隙
叶轮不平衡、电机转子不平衡或转子断条	叶轮校动平衡、电机转子校动平衡或修复断条
联接螺栓松动、泵座螺栓未拧紧	上紧螺栓
井水涌水量不够,间歇出水	可关闸减少出水量,或接长扬水管、洗井增加涌水量
联轴器松动	重新组装电泵
机泵组装时轴线未对正	重新组装对准两机轴线

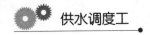

5）电流表指针摆动（表34）

潜水泵电流表指针摆动的原因与排除方法 表 34

故 障 原 因	排 除 方 法
流量大，水泵转子上下窜动	调节阀门，减小流量
电动机推力轴承磨损大	调节垫片或更换轴承
电动机扫膛	更换导轴承或车小转子外圆，适当加大气隙
叶轮扫泵壳	重新组装电泵，使叶轮在泵壳内的间隙均匀
水泵轴承磨损大	更换轴承
动水位降到水泵吸入口，间隙出水	停机或增加叶轮和扬水管

6）推力轴承磨损快或偏磨（表35）

潜水泵推力轴承磨损快或偏磨的原因与排除方法 表 35

故 障 原 因	排 除 方 法
电动机内部进入沙子	保养电动机，清洗零部件
电动机零部件装配面的O形密封环损坏	调换新密封环
电动机引出电缆线出线口的密封垫损坏	调换新密封垫
电动机装配螺钉的O形密封垫圈损坏	调换新密封垫圈
调节囊破裂	调换新件
机械密封出毛病	大修，更换机械密封或动、静磨块
迷宫帽松动	拧紧螺钉或调换新件
轴伸油封损坏	换用新油封
流量大，水泵上下窜动	调节阀门，减小流量
水泵轴向力过大	调节阀门，减小流量
电泵组装不当	重新组装，对准两机轴线

7）导轴承磨损快或偏磨（表36）

潜水泵导轴承磨损快或偏磨的原因与排除方法 表 36

故 障 原 因	排 除 方 法
电动机定、转子不同心；机壳止口与定子铁心内圆不同心；轴承座止口与内圆不同心	以止口定位适当车削定子铁心内圆 更换轴承座，或以止口定位车内圆，换配轴瓦
电动机内部进入沙子	保养电动机，清洗零部件
导轴承间隙过大	更换导轴承或轴瓦
电动机转轴弯曲	进行调直或更换转子
电泵组装不当	重新组装，对准两机轴线

8）电动机绝缘电阻下降，阻值偏低

故障现象：用兆欧表测电动机绝缘电阻，前后测得的数值有明显的下降，低于允许的最小值。

绝缘电阻下降和阻值偏低是电气回路的毛病，包括：电动机绕组、引出电缆及其接头的绝缘损坏或老化变质。

正常使用的电泵如绝缘电阻下降较大，多是电泵经长期使用后电动机绕组、电缆线和接头的绝缘老化所造成。这种情况应加强检查，一旦绝缘电阻降低到最小允许值，应对电泵进行检查修理。潜水泵电动机绝缘电阻下降、阻值偏低的原因与排除方法参见表37。

潜水泵电动机绝缘电阻下降、阻值偏低的原因与排除方法　　表37

故障原因	排除方法
电动机绕组绝缘损坏	大修，更换绕组
电动机过载，绕组绝缘老化	降低水泵流量，或大修更换绕组
电缆接头绝缘损坏或性能下降	检查确定后进行修补或重新制作
电力电缆绝缘损坏	检查与修理，或更换电缆
控制柜电器元件或接线绝缘不良	进行检查和更换

4. 鼓风机

由于使用的鼓风机大多为罗茨式，因此主要叙述罗茨鼓风机的操作和维护。

（1）鼓风机的操作

1）启动前的检查（表38）

鼓风机首次启动或大修后，应检查以下所有项目；日常启动前的检查可按需要选择其中几项。

鼓风机首次运行前的准备　　表38

序号	启动前检查工作内容
1	检查电源电压是否符合要求
2	检查所有螺栓、定位销及各部分联接是否紧固，各管路、阀门是否处于正常状态
3	检查机组底座四周是否全部垫实，地脚螺栓是否紧固
4	检查驱动装置的位置和校准精度；检查皮带的张紧度，有否磨损
5	检查电气配电系统及电动机绝缘电阻是否符合要求；检查电机转动方向是否与所示箭头一致
6	检查润滑是否良好，油位是否保持在正确位置
7	有通水冷却要求的风机，应打开管路的阀门，冷却水温度不超过25℃
8	检查所有测量仪表是否完好
9	用手盘动转子，转子应转动灵活，无滞阻现象，同时注意倾听各部分有无不正常的杂声

2）鼓风机的启动

为减小电机启动电流，机组应空载启动，即不能闭阀启动。应按以下步骤进行（表39）：

鼓风机启动　　表39

序号	鼓风机启动步骤
1	打开鼓风机旁通阀（或放空阀）
2	起动机组，风机空载运行。检查机组运行情况，如遇电流过大、出现金属摩擦声等异常情况，应立即停车。风机运行正常后，可继续下面操作步骤
3	开出口阀，关旁通阀（或放空阀），使风机达到满负荷运行

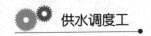

3）鼓风机的运行

鼓风机在正常运行时，不能关闭出口阀，否则将造成设备爆裂事故。风机在正常运行中应检查下列项目（表40）：

鼓风机运行 表40

序号	鼓风机运行检查工作内容
1	电机运行电流有否超过额定电流
2	检查机组的振动、噪声、温升是否正常，有无不正常的杂声
3	管路有无漏气；设备有否漏油
4	观察进、排气压力指示是否正常，空气过滤器有否阻塞
5	轴承的温度是否正常
6	冷却水系统、润滑系统是否正常

4）鼓风机的停车

鼓风机禁止在满负荷情况下突然停车，应按下列步骤操作（表41）：

鼓风机停车 表41

序号	鼓风机停车工作步骤
1	打开旁通阀（或放空阀）
2	按下停止按钮，机组停止运行
3	关闭出口阀
4	关闭旁通阀

（2）鼓风机常见故障的分析与排除（表42）

鼓风机常见故障原因与排除方法 表42

故障	可能原因	排除方法
风量不足	1. 管道漏气； 2. 安全阀动作； 3. 排风压力上升； 4. 吸气压力上升； 5. 皮带打滑； 6. 空气滤清器堵塞	1. 消除管道漏气； 2. 重新调整安全阀设定压力； 3. 消除排风侧压力上升原因； 4. 消除吸气压力上升原因； 5. 拉紧皮带或更换皮带； 6. 清扫空气滤清器
声音异常或振动异常	1. 皮带打滑； 2. 齿轮油不足； 3. 轴承润滑脂不足； 4. 压力异常； 5. 旁路单向阀不良； 6. 安全阀动作不良； 7. 室内换气不足； 8. 紧固部位松动； 9. 叶轮不平衡或损坏； 10. 轴承或齿轮磨损	1. 拉紧皮带或更换皮带； 2. 加油； 3. 补充润滑油脂； 4. 消除压力异常原因； 5. 检查单向阀或更换； 6. 检查安全阀、调整； 7. 检查或改善换气设施，降低室内温度； 8. 将松动部位紧固； 9. 调整叶轮平衡或更换； 10. 更换

续表

故障	可能原因	排除方法
温度过高	1. 排风压力上升; 2. 室内换气不足; 3. 空气滤清器堵塞	1. 消除排风压力上升原因; 2. 检查或改善换气设施,降低室内温度; 3. 清扫空气滤清器
漏油	1. 加油量过多; 2. 紧固部位松动; 3. 密封垫破损	1. 在停机状态下把油放到油标中间位置; 2. 将松动部位紧固; 3. 更换密封垫
设备不转动	1. 电机或电器损坏; 2. 转子黏合; 3. 混入异物	1. 检查电源、电路、电机及其他相关电气设备; 2. 确认黏合原因,去除黏合物; 3. 去除异物
电机超载	1. 鼓风机压力高于规定值; 2. 转动部分相碰或摩擦; 3. 进口过滤堵塞,出口管障碍或堵塞; 4. 室内通风不良,室温太高	1. 降低通过鼓风机的压差; 2. 立即停机,检查原因并消除; 3. 清除障碍物; 4. 增强通风,降低室温

（3）鼓风机的维护

1）日常检查维护项目（表43）

鼓风机日常检查 　　　　　　　　　　　　　　　　　　表43

序号	鼓风机日常检查项目
1	检查鼓风机出口压力、振动、温升,出现不正常现象时应及时停机检查原因
2	检查电机运行电流是否正常,检查管路和阀门有无漏气情况
3	检查隔音罩进排气孔中是否有杂物,若有,应及时清理
4	每周检查油位是否在视油镜的中间位置,若少油,应及时加到位
5	每周检查皮带张紧度,张紧度保持在3.2N
6	每周检查滤清器阻力显示,如指示红色,则应清洗滤芯或更换
7	每周检查轴承润滑脂情况,如发现润滑脂减少,应及时添加

2）定期维护项目（表44）

鼓风机定期维护 　　　　　　　　　　　　　　　　　　表44

序号	鼓风机定期维护项目
1	每季度对鼓风机各联接部位进行紧固
2	每季度对鼓风机进行振动、噪声、温度测试,测试结果应和历次测试作比较,发现数值变大,应找出原因并进行整改。测试结果的比较应在同一测试点及相同的测试条件下进行
3	根据润滑油的实际使用情况,每六个月更换一次,每次换油时必须对油箱彻底清洗干净
4	每年鼓风机解体检修一次,清洗齿轮、轴承,检查油密封、气密封,检查转子和气缸内部磨损情况,校正各部分间隙

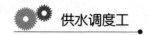

（4）鼓风机完好标准（表 45）

鼓风机完好标准

表 45

序号	鼓风机完好标准
1	鼓风机主要技术性能(流量、压力等)达到设计要求或满足工艺要求
2	鼓风机机组振动速度应小于 4.6mm/s,噪声小于 85dB(噪声值为距离设备 1m、对地高 1m 处的测量值)
3	油箱内油质符合要求,油位在正常位置
4	空气滤清器阻力显示正常
5	皮带张紧度符合要求,无打滑现象
6	轴承润滑正常,轴承温度不超过 75℃
7	运行时,风机内部应无碰撞或摩擦的声音
8	电动机运行电流不超过额定电流,温升不超过允许温升
9	进、出管路及阀门完好,无泄漏现象。所有联接部位螺栓坚固,无松动现象
10	设备外观整洁,无油污、锈迹,铭牌标志清楚

5. 阀门

阀门是管路流体输送系统中的控制部件,它用来改变通路断面和介质流动方向,具有导流、截止、调节、节流、止回、分流或溢流卸压等功能。阀门也是水厂和管网使用数量最多的设备之一,阀门工作状态的好坏直接影响供水。水厂、管网或泵站中用得较多的阀门有:闸阀、蝶阀、止回阀、减压阀、安全阀等。阀门可以采用多种传动方式,如:手动、电动、气动、液动等。

（1）阀门的使用（表 46）

阀门使用注意事项

表 46

序号	阀门使用过程中注意事项
1	电动、气动或液动阀门,在开启、关闭时,应密切注意设备的运转情况及开度表指示,发现异常情况,应立即断电检查
2	手动阀门在开启或关闭操作时,应使用手轮开、关,不得借助杠杆或其他工具
3	液控蝶阀重锤下面严禁人员进入
4	填料压盖不宜压得过紧,应以阀杆操作灵活为准。填料压得过紧,会导致阀杆的磨损,甚至造成电机过负荷跳闸
5	阀杆螺纹及其他转动部分应涂一些黄油或二硫化钼,保持传动灵活,变速箱要按时添加润滑油
6	不经常启闭的阀门,应定期转动手轮,并对转动部分加油,防止咬住
7	电动闸阀应正确调整限位开关,防止出现顶撞死点、损坏设备的事故。阀门关闭或开启到头,即为死点,此时应回转手轮 1/4~1 圈,把这个位置作为限位开关的动作点
8	应定期检查密封面、阀杆等有无磨损以及垫片、填料,若有损坏失效,应及时修理或更换
9	对于明杆阀门,要记住全开和全关时的阀杆位置,避免全开时撞击上死点,全闭时便于检查有否异常情况(如阀板脱落、密封面粘有杂物等)
10	管路初用时,内部脏物较多,可将阀门微启,利用介质的高速流动,将其带走。然后轻轻关闭(不能快闭、猛闭,以防残留杂物夹伤密封面)。如此重复多次,冲净脏物,再投入正常使用

（2）阀门的维护（表47）

阀门使用过程中维护的目的是要使阀门处于常年整洁、润滑良好、阀件齐全、正常运转的状态。

阀门日常维护 表47

序号	阀门维护内容
1	保持阀门外部和活动部位的清洁,保护阀门油漆的完整。阀门的表面、阀杆和阀杆螺母上的梯形螺纹、阀杆螺母与支架滑动部位以及齿轮、蜗轮蜗杆等部件容易沉积灰尘、油污以及介质残渍等脏物,对阀门产生磨损和腐蚀。因此,应经常清洁阀门
2	保持阀门的润滑。阀门梯形螺母、阀杆螺母与支架滑动部位,轴承位、齿轮和蜗轮蜗杆的啮合部位以及其他配合活动部位都需要良好的润滑条件,减少相互间的摩擦,避免相互磨损。润滑部位应按具体情况定期加油;经常开启的阀门一般应一周至一个月加油一次,不经常开启的可适当延长一些
3	保持阀件的齐全、完好。法兰和支架的螺栓应齐全、满扣,不允许有松动现象。手轮上的紧固螺母如松动应及时拧紧,手轮丢失后,不允许用活扳手代替手轮,应及时配齐。填料压盖不允许歪斜或无预紧间隙。阀门上的标尺应保持完整、准确
4	阀门电动装置的日常维护。电动装置一般情况下应每月进行一次维护,维护内容为: (1)外表清洁,无粉尘沾积,装置不受汽水、油污沾染; (2)密封面应牢固、严密、无泄漏现象; (3)润滑部分按规定加油,阀杆螺母应加润滑脂; (4)电气部分完好,对地绝缘电阻大于0.5MΩ,断路器和热继电器整定值正确,未出现误动和拒动情况,指示灯显示正确; (5)手动-电动切换机构完好,手动操作机构灵活; (6)行程开关、过力矩开关调整在正确位置,开度表指示值与阀门实际位置相符

（3）阀门常见故障分析与排除（表48）

阀门常见故障分析与排除 表48

常见故障	产生原因	排除方法
阀体和阀盖的泄漏	1. 铸铁件铸造质量不高,有砂眼、松散组织、夹碴等缺陷; 2. 焊接不良,存在着夹碴、未焊透,应力裂纹等缺陷	1. 提高铸造质量; 2. 应按焊接操作规程进行,焊后进行探伤和强度试验
填料处泄漏	1. 填料选用不当; 2. 填料安装不对; 3. 填料超过使用期,已老化; 4. 填料圈数不足,压盖未压紧; 5. 阀杆精度不高,有弯曲、腐蚀、磨损等缺陷	1. 应选用符合要求的填料; 2. 按有关规定正确安装填料,盘根应逐圈安放压紧,接头成30°或45°; 3. 应及时更换; 4. 应按规定的圈数安装,压盖应对称均匀地压紧,压套应有5mm以上的预紧间隙; 5. 阀杆弯曲、磨损后应进行矫直、修复,对损坏严重的应予以更换

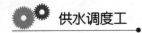
常见故障	产 生 原 因	排 除 方 法
垫片处泄漏	1. 垫片选用不对或损坏； 2. 法兰螺栓紧固不均匀、法兰倾斜、垫片的压紧力不够或连接处无预紧间隙； 3. 垫片装配不当，受力不匀； 4. 静密封面加工质量不高，表面粗糙不平、横向划痕、密封面互不平行等缺陷； 5. 静密封面和垫片不清洁，混入异物	1. 按工况条件正确选用垫片的材质和型式，已损坏的应调换； 2. 应均匀对称地拧紧螺栓，必要时应使用力矩扳手，预紧力应符合要求，不可过大或过小。法兰和螺纹连接处应有一定的预紧间隙； 3. 垫片装配应逢中对正，受力均匀，垫片不允许搭接和使用双垫片； 4. 静密封面腐蚀、损坏、加工质量不高，应进行修理、研磨，进行着色检查，使静密封面符合有关要求； 5. 安装垫片时应注意清洁，密封面应用煤油清洗，垫片不应落地
密封面的泄漏	1. 密封面研磨不平，不能形成密合线； 2. 阀杆与关闭件的连接处顶心悬空、不正或磨损； 3. 阀杆弯曲或装配不正，使关闭件歪斜或不逢中； 4. 密封面材质选用不当，使密封面产生腐蚀、磨损； 5. 关闭不到位，密封面与闸板配合不严密； 6. 密封面变形、损坏，密封面之间有污物附着	1. 研磨密封面，使其达到要求； 2. 检修阀杆与关闭件，使之符合要求，顶心处不符合要求的应进行修整，顶心应有一定的活动间隙，特别是阀杆台肩与关闭件的轴向间隙应大于 2mm； 3. 阀杆弯曲应进行矫直，阀杆、关闭件、阀杆螺母、阀座经调整后应在一条公共轴线上； 4. 选用符合工况条件的密封面材料； 5. 调整行程机构，使关闭到位，检修密封面，使之与闸板配合严密； 6. 检查密封面，进行整修和清洗，如密封面损坏，应调换
密封圈连接处的泄漏	1. 密封圈辗压不严； 2. 密封圈连接面被腐蚀； 3. 密封圈连接螺纹、螺钉、压圈松动	1. 密封圈辗压处泄漏应注入胶粘剂或再辗压固定； 2. 可用研磨、粘接、焊接方法修复，无法修复时应更换密封圈； 3. 卸下螺钉、压圈清洗，更换损坏的部件，研磨密封与连接座密合面，重新装配
阀杆操作不灵活	1. 阀杆与配合件加工精度低，配合间隙过大，表面粗糙度差； 2. 阀杆、阀杆螺母、支架、压盖、填料等件装配不正，其轴线不在一直线上； 3. 填料压得过紧，抱死阀杆； 4. 阀杆弯曲； 5. 阀杆螺母松脱，梯形螺纹滑丝； 6. 梯形螺纹处不清洁，积满了脏物和磨粒，润滑条件差； 7. 转动的阀杆螺母与支架滑动部分磨损、咬死或锈死； 8. 操作不良，使阀杆和有关部件变形、磨损、损坏； 9. 阀杆与传动装置连接处松脱或损坏； 10. 阀杆被顶死或关闭件被卡死	1. 提高阀杆与配合件的加工精度和修理质量，相互配合的间隙应适当，表面粗糙度符合要求； 2. 装配阀杆及连接件时应装配正确，间隙一致，保持同心，旋转灵活，不允许支架、压盖等有歪斜现象； 3. 适当放松压盖； 4. 矫正阀杆，难以矫正时应更换； 5. 应修复或更换； 6. 阀杆、阀杆螺母的螺纹应进行清洗和加润滑油； 7. 应保持阀杆螺母处油路畅通，滑动面清洁，润滑良好，对不经常操作的阀门应定期检查、活动阀杆； 8. 正确操作阀门，关闭力要适当，对损坏的部件应进行修复或调换； 9. 修复连接处的松脱或磨损的部件； 10. 手动操作时，用力要适当，电动操作时，对行程机构应进行调整，防止阀门顶撞死点

常见故障	产 生 原 因	排 除 方 法
关闭件脱落产生泄漏	1. 关闭件连接不牢固,松动而脱落; 2. 选用连件材质不对,经不起介质的腐蚀和机械磨损; 3. 行程机构调整不当或操作不良,使关闭件卡死或超过死点,连接处损坏断裂	1. 阀门解体,修复关闭件的松动或脱落; 2. 调换符合要求的连接件; 3. 重新调整行程机构,手动操作时应正确操作:用力不能过大,开关阀门时不能冲撞死点,连接处损坏的应修复
密封面间嵌入异物的泄漏	1. 不常启、闭的密封面上易沾积一些脏物; 2. 阀内留有较多铁锈、焊渣、泥土等异物	1. 不常启、闭的阀门,应定期启、闭一下,关闭时留一细缝,让密封面上的沉积物被冲走; 2. 管路初用或阀门检修后,内部会留下很多异物,应用开细缝的方法把这些异物冲走,然后再将阀门投入正常使用
齿轮、蜗轮、蜗杆传动不灵活	1. 轴弯曲; 2. 齿轮不清洁,润滑差,齿部被异物卡住,齿部磨灭或断齿; 3. 轴承部位间隙小,润滑差,被磨损或咬死; 4. 齿轮、蜗轮和蜗杆定位螺钉、紧圈松脱、键销损坏; 5. 传动机构组成的零件加工精度低,表面粗糙度差; 6. 装配不正确	1. 矫正轴; 2. 保持清洁,定期加油,齿部磨损严重和断齿缺陷应进行修复或更换; 3. 轴承部位间隙应适当,油路畅通,对磨损部位进行修复或更换; 4. 齿轮、蜗轮和蜗杆上的紧固件和连接件应配齐和装紧,损坏应更换; 5. 提高零件的加工精度和加工质量; 6. 正确装配,间隙适当
气动或液动装置的动作不灵或失效	1. O形圈等密封件损坏或老化,引起内漏,使活塞产生爬行等故障; 2. 缸体和缸盖因破损和砂眼等缺陷产生的外漏,致使缸内压力过低; 3. 垫片或填料处泄漏,使缸内操作压力下降; 4. 缸体内壁磨损,镀层脱落,增加了内漏和对活塞运动的阻力; 5. 活塞杆弯曲或磨损,增加了气动或液动的开闭力或泄漏; 6. 活塞杆行程过长,闸板卡死在阀体内; 7. 缸体内混入异物,阻止了活塞的上下运动; 8. 活塞与活塞杆连接处磨损或松动,不但产生内漏,而且容易卡住活塞; 9. 填料压得过紧; 10. 进入缸体内气体或液体介质的压力波动或压力过低; 11. 常开或常闭式缸内弹簧松弛和失效,引起活塞杆动作不灵或使关闭件无法复位; 12. 缸体胀大或活塞磨损破裂,影响正常运动	1. 对O形圈等密封件定期检查和更换; 2. 对破损和泄漏处进行修补或更换; 3. 按前面"填料处的泄漏"和"垫片处的泄漏"方法处理; 4. 对缸体进行修复或更换; 5. 活塞杆弯曲应及时矫正,活塞杆磨损应进行修复或更换; 6. 旋动缸底调节螺母,调整活塞杆工作行程; 7. 介质未进入缸体前应有过滤机构,过滤机构应完好、运转正常,对缸内的异物及时排除、清洗; 8. 活塞与活塞杆连接处应有防松件,对磨损处进行修复,对易松动的可采用粘接或其他机械固定方法; 9. 填料压紧应适当,如压得过紧应放松; 10. 调整或稳定进入缸体的介质压力; 11. 及时更换弹簧; 12. 进行镶套和修复,无法修复的要更换

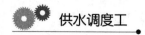

续表

常见故障	产 生 原 因	排 除 方 法
电动装置过力矩保护动作	1. 阀门部件装配不正; 2. 阀杆与阀杆螺母润滑不良、阀杆螺母与支架磨损、卡死; 3. 填料压得太紧; 4. 电动装置与阀门连接不当; 5. 行程机构调整不当,阀门顶撞死点而引起过力矩动作; 6. 阀内有异物抵住关闭件而使转矩急剧上升	1. 按技术要求重新装配; 2. 定期加油,零部件磨损要及时修复; 3. 调整填料压紧程度; 4. 电动装置与阀门连接应牢固、正确,间隙要适当; 5. 重新调整行程机构; 6. 清除阀内异物

（4）阀门完好标准（表 49）

阀门完好标准   表 49

序号	阀门完好标准
1	阀门开、关时运转平稳,无中间阻塞或卡死;阀体不漏水、不漏气、不漏油
2	阀门的行程机构与过力矩保护装置调整合适
3	阀门的实际状态和机械指针、开度表、信号灯指示相符
4	阀门电动头的手动—电动切换装置良好,手动开、关阀门时应轻巧、灵活
5	阀杆与阀杆螺母、传动箱等润滑良好,油质符合要求
6	露天阀门的电动头应有良好的防护装置
7	气动阀门应运转灵活,无明显摩擦声,供气管路无泄漏,空压机储气罐压力容器通过安全检测,空压机压力设定合适,无频繁启动现象
8	液控蝶阀的补油或蓄能系统应工作正常,停电时应能自动关阀;油路泄漏严重时能自动停泵
9	设备外壳防腐良好,无锈蚀,无油污;地上无水滴锈迹,接地良好

参 考 文 献

[1]　黄儒钦等. 水力学教程（第四版）. 成都：西南交通大学出版社.

[2]　严煦世，范瑾初等. 给水工程（第四版）. 北京：中国建筑工业出版社.

[3]　王世儒等．水泵与水泵站 [M]. 成都：西南交通大学出版社.

[4]　夏宏生．水泵与水泵站技术 [M]. 北京：中国水利水电出版社.

[5]　许刚等. 供水调度 [M]. 广州：华南理工大学出版社.

[6]　王晓玲. 现代企业班组管理基础 [M]. 北京：机械工业出版社.

[7]　金银龙，鄂学礼等. 生活饮用水标准释义 [S]. 北京：中国标准出版社.